円筒分水の研究

中央学院大学社会システム研究所［編集］

佐藤　寛［著］

成文堂

疣岩円形分水工

撮影：筆者　2020 年 12 月 27 日

疣岩円形分水工

撮影：筆者　2020 年 12 月 27 日

疣岩円形分水工から黒沢尻用水に流れる

撮影：筆者　2015 年 6 月 20 日

大日円筒分水工

撮影：筆者　2016 年 8 月 23 日

高溝円筒分水工

撮影：筆者　2016 年 8 月 23 日

安食円筒分水

撮影：筆者　20216 年 8 月 2 日

多古支線円筒分水

撮影：筆者　2016 年 4 月 27 日

君津市小櫃南部土地改良区の円筒分水層

撮影：筆者　2017 年 3 月 13 日

はしがき

　地球を取り巻く自然環境問題は厳しい状況下にある。温暖化問題や気候変動による天候不順によって洪水災害、旱魃など水問題が厳しい環境下にある。SDGs の目標の中で地球の持続可能な開発の前提条件として、地球の限界（プラネタリー・バウンダリー）「限界値」を 9 つの地球システムが定義されている。『平成 29 年度　環境白書・循環型社会白書・生物多様性白書』によれば、1.　生物圏の一体化（生態系と生物多様性の破壊）、2.　気候変動、3.　海洋酸性化、4.　土地利用変化、5.　持続可能でない淡水利用、6.　生物地球化学的循環の妨げ（窒素とリンの生物圏への流入）、7.　大気エアロゾルの変化、8.　新化学物質による汚染、9.　成層圏オゾンの破壊。これらの項目の範囲内で人間活動であれば社会が発達・繁栄するが、範囲を越境すれば地球の資源に回復が不可能な変化が起こってしまう。

　産業革命以来、産業経済の社会が優先し、化石燃料を主体とした工業化が先進国を中心に推進された。環境問題には意識することなく経済最優先の国際社会が確立してきた。しかし、20 世紀半ば過ぎには、先進国の中に工場のばい煙や排気ガス、水質汚染等による健康への被害が表面化してきた。また、近年は、地球温暖化問題が環境問題の大きな課題の一つとして台頭してきた。地球温暖化の影響などにより、生物多様性の問題や異常気候等によって集中豪雨による洪水被害や旱魃など各地に大きな被害を齎しているのが現状である。日本においても、例外ではなく毎年日本各地で大きな被害を受けている。これらの影響によって日本農業も影響を受けている。天候の不順で農作物の生産高や洪水による農地の損壊などが見られる。このような状況下において、先人達は、稲作農業を中心として農地の確保、水確保など幾度の苦難を乗り越えて今に伝えている。先人達の汗と涙の象徴の中の一つに、明治時代以降に「円筒分水」が考案された。

　円筒分水は、現在日本全国に百ヵ所以上存在するといわれているがその詳

細は不明確である。日本の円筒分水の考案者である可知貫一（かちかんいち）は、1911年（明治44）に、岐阜県可児郡小泉村（現在：多治見市）にプロトタイプの円筒分水を考案したとされている。その後、円筒分水は全国に広がっていった。しかし、可知貫一が目的とした一水路からの分水の為であった円筒分水が、本来の使命の他に、もう一つの目的として水争いの救世主的な使命を担って、全国に広がっていったことは事実である。全ての円筒分水が二つの使命を持って設置された訳ではないが、円筒分水を設置された地域では安定した水確保と公平な水分配システムによって、より円滑な姿勢で農業に従事することができた。なぜならば水確保のための労力と水争いから解放されたことである。

　円筒分水が考案されたことは単なる水分配システムのみならず農業用水路の革命的なシステムであることと日本農業の米作りに大きく貢献した。農作物生産にはなくてはならぬものが水である。円筒分水は近代日本農業用水路の礎的な存在である。

　本調査研究は宮城県の「疣岩円形分水工」を皮切りに千葉県内の15ヵ所の円筒分水の調査を行った。加茂川沿岸土地改良区内には、「大日円筒分水工」「八色円筒分水工」「高溝円筒分水工」「坂東円筒分水工」「滝山円筒分水工」の5つを有する。両総土地改良区内には「多古支線円筒分水」「東金支線分水」の2つを有する。印旛沼土地改良区内には、「安食円筒分水」「公津円筒分水」「酒々井円筒分水」の3つを有する。手賀沼土地改良区内には、「湖北台円筒分水」「泉円筒分水」の2つを有する。君津市小櫃南部土地改良区には「円筒分水槽」の1つを有する。安房中央土地改良区には「嵯峨志分水工」「滝の谷（やつ）分水工」の2つを有する。

　上記の調査において、宮城県の「村田町外一町澄川土地改良区様、千葉県内の加茂川沿岸土地改良区の刈込勝利理事長、原憲一事務長、両総土地改良区の子安亮二事務局長、滝口広明調査管理課長、伊藤満多古出張所長、朝日博幸係長、印旛沼土地改良区の水土里整理課高橋修氏、手賀沼土地改良区の阿曽亮二一理事長、石川文彦参与、小倉正総務課長、君津市小櫃南部土地改

良区の事務局の本中順子様、現地案内を頂いた安西恒夫様、安房中央土地改良区の山田一夫理事長、小橋純事務局長、中村友喜生主幹、千葉県安房農業事務所地域整備課の加藤貞之主査、以上の方々には、大変お忙しい中、貴重なお話や資料提供、そして研究誌への資料掲載を快く了解頂いた次第である。そして現地への案内も頂いた。この場をお借りして深く感謝申し上げる。（※各改良区等の役職名や肩書は調査時のものである。）

　今回の調査で上記各円筒分水を調査見分させていただいたが、綿密な調査や分析、資料収集をしきれない部分が多々あったことは事実である。

　今回の研究書発刊にあたり、以前中央学院大学社会システム研究所紀要に掲載したものを纏めたものであるが、一部加筆訂正した。

　なお、本研究は中央学院大学社会システム研究所の研究助成・出版助成によって行われたものである。

　　2021 年 2 月 1 日

佐藤　寛

目　　次

初出一覧

第 1 章
「日本の近代農業用水の礎―疣岩円筒分水工を中心に」中央学院大学社会システム研究所紀要第 16 巻第 1 号（2015 年 12 月 25 日）47-56 頁

第 2 章
「千葉県内の円筒分水」中央学院大学社会システム研究所紀要第 17 巻第 1 号（2016 年 12 月 25 日）54-81 頁

「千葉県内の円筒分水（2）」中央学院大学社会システム研究所紀要第 17 巻第 2 号（2017 年 3 月 10 日）53-82 頁

「千葉県内の円筒分水（3）」中央学院大学社会システム研究所紀要第 18 巻第 1 号（2017 年 12 月 25 日）58-61 頁

「千葉県内の円筒分水（4）」中央学院大学社会システム研究所紀要第 20 巻第 1 号（2019 年 12 月 25 日）19-28 頁

第1章　日本の近代農業用水の礎
—— 疣岩円形分水工を中心に ——

1　はじめに

　世界の水の使用用途は、農業用水、工業用水、生活用水などに分別することができる。特に、農業用水は全体の約3分の2を占めるほどの割合である。それは食料生産の為などに用いられる灌漑用水である。その使用量は日本においても同一である。日本は、水稲が伝承されて以来、縄文時代から稲作が盛んになり、稲作には欠かすことのできない水が重要であり、それに伴い農業用水の確保に努めてきた。これにより稲作農業が発展し、その歴史は長きにわたる。弥生時代には「天水田稲作」として河川や湖沼、雨水を利用するなど自然な形態で水を利用してきたが、時代が進み、古墳時代には開田を行い、ため池などの利用による開発が始まったといわれる。その後、江戸時代には大々的な新田開発が各地で行われ、農業用水確保にも腐心された。各藩の新田開発が盛んになり、水の確保のための農業用水施設が重要なものとなっていった。

　日本は湿潤で温暖な気候に恵まれており、5月から7月にかけては梅雨の時期を迎え、そして田植えの時期を迎える。この梅雨が齎す降水が稲作には欠かせない存在である。この時期には、日本全国の水田一面に水が張られ青々とした早苗が目に入る。これらは日本列島同一の「豊葦原瑞穂の国」ならではの姿といえる。

　現在における水田の水利用は、一般的に日本全国の各地域に組織されている土地改良区等によって、農業用水及び水路などが管理・運用されている。これらの田園風景の礎は「農業用水」が一翼を成している。古代より稲作が

行われてきた中で、水の重要性と合わせて農業用水設備が不可欠な要因である点から、稲作農業は水の確保と水の利用の変遷でもある。

本章は、縄文時代に伝えられた水稲に欠かすことのできない水の重要性と併せて農業用水施設が不可欠であり、農業発展に寄与してきた農業用水に焦点をあてる。更に日本の近代農業用水の礎として登場した「円筒分水」について述べ、日本全国の中で宮城県刈田郡蔵王町にある「疣岩円形分水工」についての一考察である。

2 日本の農業用水路と円筒分水

(1) 日本の農業用水路の概要

令和2年版の水循環白書によれば、我が国の水資源賦存量の内、平成28年に実際に使用された水の総量は約797億 m³（取水量ベース）で、貯水量約275億 m³ を有する琵琶湖の約3杯分に相当する量である。水の用途は大別すると農業用水と都市用水に分けられ、さらに都市用水を工業用水と生活用水に分けられる。水の年間使用量で農業用水は全体の約7割を占め約538億 m³（67.5％）、生活用水は約2割の約147億 m³（18.4％）、工業用水は約112億 m³ の約1割（14％）である[1]。水使用量は全体の約3分の2は農業用水が占めている。日本農業は古来より稲作が盛んであるが故に水田に最も多くの水が使用されてきた。その姿は今に伝えられ、現在においても水田灌漑用水が多い。また、畑の灌漑用水や畜産灌漑用水などにも使用されている。

日本の農業用水は降水を有効利用するために直接河川からの引水、取水して用水路を通して、ため池や貯水池などに水を貯める、土中に水をしみこませる工夫などが施されてきた。これらは長年の方法であったが、終戦後の1945年（昭和20）以降の日本は食料難のために各地で多くの新田開発が行われた。この開発に伴って、取水堰、用水路が整備され灌漑施設が整えられた[2]。これらの新田開発により農業用水のための農業水利施設を通して水が流されている。日本における灌漑用水や排水のための農業用の用排水路はネ

ットワーク化され、その長さは約 40 万 km 以上で地球 10 周分に相当する[3]。その中でも主要な用排水路は約 4 万 km に及んでいる[4]。これらの用排水路は日本全国に張り巡らされている。この用水の水はただ単に農業用水のみならず、その使用用途は多目的に利用されている。たとえば、農村の景観や里山などの環境保全をはじめ農事作業用水や防火用水として用いられている。そして生態系の保全や水生生物の生息、地下水の涵養など様々な役割を担っている。

これらの基幹的水利施設は国家、地方公共団体、土地改良区等によって管理されている。特に、土地改良区は農家が組織する機関であり、用排水路の管理や水の管理などを行っている。

農業用水は国や県が管理しているものもあるが、一般的には土地改良区が中心になって当該管理管轄区域内の水を全体的に管理・制御している[5]。基幹的水利施設の多くは、終戦後の 1945 年（昭和 20）以降から高度経済成長期に拡大整備された施設が多く、現在においては老朽化が目立つ。そして近年は農業離れによる農家数の減少や後継者不足などにより土地改良区の脆弱化が進行しているのが現状である[6]。

なお、土地改良区を瞥見すれば、土地改良法第 3 条に規定された土地改良事業に参加する有資格は土地の使用者や小作人・養畜を行う者など使用収益者等 15 人以上の地域同資格者の 3 分の 2 以上の同意を得て、都道府県に申請を行い、都道府県知事の認可によって設立された土地改良区法人となる（同法 5 条 10 条、13 条）。同法人は 1949 年（昭和 24）に設立された土地改良区法の制定によって、地域内の農業用水路の設備を維持、管理する農業者が構成する組織である。同法により組合員の強制加入、経費の強制徴収権などが認められる。組合員は賦課金の支払いや賦役の義務が生ずる。

このような時代的変遷によりながら農業用水路の基盤システムが確立されて、今日の日本農業を支えている。その一部に円筒分水も大きな役割を担っていることも事実である。

(2) 円筒分水のシステム

　円筒分水は農業用水の水を公平に分配するシステムである。この円筒分水にはいくつかの種類や形式があり、時代的変遷や地域的な特徴がある。「円筒分水工」「射流分水工」「背割り分水工」「ゲート分水工」「管型分水工」「その他の分水工」などの分類がある[7]。

　本項においては「円筒分水」を中心に行う。円筒分水とは、農業用水を一定の比率の割合で分配する装置である。分配された水を水田や農耕地等へと流水する[8]。地方によっては「円形分水工」や「円筒分水工」等と呼ばれる。土木工事分野の世界では「円筒分水工」と呼ばれているようである。

　この円筒分水は北海道から九州地方まで全国に100カ所以上存在しているといわれているが、その実態の全容は行政体においても把握し切れていないのが現状である[9]。

　この施設は農業用水を公平に配分する施設である。日本農業は稲作を中心とした農業形態であるが故に、水あっての農業であり「水の一滴は血の一滴」とまで大切にしてきた水で農業を営んできた経緯がある。水一滴を守るために、日本の各地域では「水争い」が絶え間なくおこった歴史がある。その背景には、干ばつや洪水などが引き金となって、地域間の水争いの発端となったケースもある。先人たちは、絶えず水との闘いを幾度となく繰り返してきた。その水と同時に大切にされてきたのが農業用水路である。この農業用水路は水を通す命綱であると同時に農家にとっては未来へ繋ぐ生命線でもある。このようにコメ作りへの強い意識がもたれるようになったのは藩政時代のころからと考えられる。この意識は現在にも受け継がれている。水争いの主因は、水不足による水の争奪や水の配分をめぐる争いが中心である。上流下流問題や流水の分配量、水泥棒などである。

(3) 円筒分水のルーツ

　この「円筒分水」は、誰が、何のために、いつの時代から存在していたかを瞥見した。

　農業土木研究第 2 巻 1 号によれば、放射式装置の発明者「可知貫一」(かちかんいち) によって考案されたとある。何のために考案されたかは、一つの水源から離れた地域に水を引くために「高価な水の公平な配分」をするための装置としてである。それは新たに引水するには高額な水利権の問題が生じたために、従来の水源を利用して水を公平な形で配分するためであったようである[10]。

　考案時期は 1911 年 (明治 44) に円筒分水プロトタイプが考案された。場所は岐阜県可児郡小泉村耕地整理地区 (現在の多治見市) に放射式装置が設置されたようである[11]。

　日本の長い農業の歴史から見ると「水争い」の解決のために考えられたものと想像されるが、その趣旨は前述した通り、一水路の水を公平に分配するために編み出されたものである。しかし、その公平な水配分施設である円筒分水は水争いの解決策として多いに各地で活用されていることも事実である。当初の円筒分水は高低差を利用して導水の方式での施設建設であった。やがて、地下から吹き上げる方式が 1934 年 (昭和 9) ごろに考案され、福島県や長野県で造られた[12]。円筒分水はいくつかの形式があり、時代的変遷や地域の適合性などにより形式が異なる。初めて考案された「円筒分水プロトタイプ」は、現在その姿はなく改築工事で取り壊されたようである。

3　円筒分水における農業用水の現状—疣岩円形分水工

　日本全国に存在する中で今回、宮城県の蔵王町に存在する「疣岩円形分水工」を考察した。この円筒分水の名称は「疣岩円形分水工」(いぼいわえんけいぶんすいこう) で宮城県刈田郡蔵王町円田字棚村に施設がある。この「疣岩円形分水工」は 1931 年 (昭和 6) に竣工された。施工から 90 年間の歳月を経て現在においても、その使命を果たしている。この円筒分水工の水源は、松川の支流である澄川が水源である。この松川は宮城県刈田郡蔵王町を流れる阿武隈川水系の一級河川で、水源地は刈田郡蔵王町西部鏡刈田岳西麓

写真1　疣岩円形分水工（全周溢流式）

撮影：筆者　2020年12月27日

写真2　疣岩円形分水工

撮影：筆者　2020年12月27日

図1　疣岩円形分水工平面図

★：湧出地点
⇨：水の流れ
澄川用水路に
　　7割の水
黒沢尻用水路に
　　3割の水

澄川用水路へ

黒沢尻用水路へ

疣岩分水施設を
上から見た
平面図

出典：http://www.town.zao.miyagi.jp/kurashi/kurashi_guide/sangyo_kensetsu/nourin/bunsui.html を元に著者作成

である。濁川、秋山沢川、藪川、黄金川、平家川を合併し、宮城県蔵王町宮で白石川に合流する[13]。その支流である澄川は「蔵王山のうち、屏風岳を水源と後烏帽子岳から発する小当余良川の水を合わせ、濁川と合流して松川となるもので水源地は潤葉樹の大森林であり、積雪は七月下旬まであり湧水が多量で水はその名の如く清く澄み、どんな干ばつにも、かれることのない川である」[14]。この澄川の水を取水して遠刈田発電所で発電用に使用した水の一部がサイフォン方式で松川を越えて疣岩の分水工へと導かれている。

　この疣岩円形分水工は水が地下から槽に万遍なく湧出し中央部に流れ込む方式の「全周溢流式」であり、安定した水量が確保されている。

　この分水工の水は二つの灌漑用水として澄川用水と黒沢尻用水に配分され農作物等の用水として利用されている[15]。その分水工は溢れんばかりの勢いで円形の槽の下から威勢良く次から次へと水が湧出している。この円筒分水工は、まるでパンケーキを想像させるような型で、分水槽の下から水が穏やかに絶え間なく溢れ柔らかさを醸し出している。(写真1)。溢れ出てくる水につい親しみを覚えるような分水工である。湧出した水は、分水工を基軸に分水嶺の如く、規格通りに分けられて、両用水路に流れ出る音が絶え間なく響く。これらの水の湧出の量や水の流れ、水の音に勇ましさを感じる。特

に、黒沢尻用水路は急な勾配で下流へ威勢よく流れており、水の威勢のよい
流れる音が山間地の田園に活気を与えているようであった。

　一方の澄川用水路は、この分水工を出た水は間もなく鉄製の柵を潜り抜け
ると直ぐに地下水路へと潜り抜けて流れている。

(1) 澄川用水

　澄川用水路は現在の村田町、蔵王町にまたがる水路総延長 8,400 m、地域
面積 785 ha である[16]。

　当初の澄川用水は、この地域を流れる薮川流域や荒川流域の小河川を水源
としていたために水量は少なく、十分な水を取水することができなかった。
この地域の刈田郡円田村、柴田郡村田町、沼部村の3ヶ町村は 1914 年〜
1915 年（大正 3 〜 4）以来、灌漑用水不足が常態化していた。特に、村田町
内を流れる松尾川（荒川）では、カラカラに乾燥して水無川状態になり、
人々は「からん川」と呼んでいた[17]。

　この地域は、大正時代の初期のころより毎年干ばつに見舞われ、深刻な水
不足に陥り、農作物栽培も儘ならぬ悲惨な状況が続いていた地域である。特
に、旧円田村（現在蔵王町）、村田町等は水不足による深刻な事態により村民
からは「我らに水を与えよ。しからざれば死を与えよ」[18]と嘆くほどの干ば
つであった。

　このような状況下において、この地区は干ばつ地域として名高く、地域住
民から恒久的な水源確保が切望されていた。毎年繰り返される干ばつから村
を改善するために、地域の有志者が声を上げ関係各位に働きかけ新たな水源
確保のため松川に水を求めた。地域の農民は国や県に陳情して支援を得て、
1926 年（大正 15）に黒沢川尻普通用水組合から澄川の取水に同意を取り付
けた。分水施設工事から約 2 年を要して、この施設が完成した。豊富な水
を得た農民は同時に莫大な借金を背負った。これにより澄川用水は澄川から
取水され、同年に澄川普通水利組合が設立された[19]。

　その後、澄川用水は県営澄川用水改良事業が実施され、1931 年（昭和 6）

写真3　遠刈田発電所（東北電力）への取水口の堰：澄川

撮影：筆者　2015年6月20日

7月20日に新たに整備され通水された。改良事業により平沢地区、小村崎地区を灌漑して村田町方面へ水路も確保され通水した。この水路完成により当時の澄川普通水利組合内の概要は、総灌漑地籍　702町3反、組合員数1352名、水路延長3里28町（約15粁）に拡大した[20]。この用水完成によって、澄川用水と黒沢尻用水は共同利用の形態が確立した。

　その後、1939年（昭和14）には、東北振興電力会株式会社（現在の東北電力㈱）による松川発電所計画で遠刈田発電所が設置された。澄川取水堰が澄川右岸下流に移され、また、秋山沢川堰が増設された。遠刈田発電所建設によって、取水した用水を発電用に利用し、その水を疣岩分水工に引水し、澄川用水路と黒沢尻用水路に分配された[21]。この分水工の水の配分は澄川7、黒沢尻3の割合で配分されている。当用水は土地改良法に基づき1952年（昭和27）8月3日に、組織変更し「村田町外二村澄川土地改良区」と名称変更後、1955年（昭和30）町村合併を機に「柴田郡村田町外一町澄川土地

改良区」と変更し現在に至っている。水利組合から「黒沢尻用水路土地改良区」として設立された[22]。

(2) 黒沢尻用水

黒沢尻用水は現在、宮城県仙南地方の蔵王町、大河原町、村田町（旧円田村，宮村，金ヶ瀬村，大河原村，沼辺村）にまたがる水路延長30 km　受益地700 ha、関係農家1,300戸である[23]。

当用水路の歴史は古く室町時代に遡のぼり、その水源は蔵王連峰の豊富な水源から取水した用水路である。この用水の水源は、黒沢川の白雀沢、合沢、登布谷地沢という前川境山地を水源とする川で、その川尻を利用した用水路である[24]。

前述したように、黒沢尻用水と澄川用水同様に1937年（昭和14）には、東北振興電力株式会社（現在の東北電力㈱）による松川に発電所計画が持ち上がり、遠刈田発電所、曲竹発電所が建設された。その発電所建設に伴い澄川取水堰堤が澄川右岸下流に移され、そして秋山沢川にも秋山取水堰堤が増設された。この取水した発電用水は、発電所で利用された後に澄川用水路と黒沢尻用水路に配水されることになり、用水の利用形態が変更されて現在の姿になった。

当用水は、時代的変遷を繰り返しながら土地改良法に基づき1952年（昭和27）7月31日に、水利組合から「黒沢尻用水路土地改良区」として設立された。

この地域は、大正時代の初期のころより毎年干ばつに見舞われ、深刻な水不足に陥り、農作物の栽培も儘ならぬ悲惨な状況が続いた地域である。黒沢尻用水と登川用水が整備される以前は水不足による荒廃な農地が存在していた。毎年繰り返される干ばつから村を救済する方法として用水路整備を切望し、農民が一体となって国や県への働きをかけた結果、今日の自然豊かな田園地域が生まれる結果となった。

疣岩円形分水工は蔵王町円田字棚村地内の県道沿いにあり、この地域は県

写真 4　遠刈田発電所への取水口

撮影：筆者　2015 年 6 月 20 日

写真 5　疣岩円形分水工から黒沢尻用水に流れる

撮影：筆者　2015 年 6 月 20 日

内有数の果樹園地帯であり、観光地として蔵王エコーラインや遠刈田温泉郷がある。県道の沿いで簡単に見つけることができるが、車窓からだとややもすれば見落とすこともあるので、ある程度の目安が必要である。この辺で途中下車して中山間地域の田園風景を眺めるのも風情がある地域である。疣岩円形分水工は2011年（平成23）に土木遺産に認定された。その趣旨は「地元民の英知と情熱を注いだ事前協議のもと、水争いを未然に防いだ円形分水工は、その水分配もまるく収めた貴重な土木遺産」25) としてとある。宮城県では4番目の土木遺産として認定された。そもそも、この円形分水工は江尻沢用水と澄川用水の二つの農業用水路の水を分配するために施設として設置された。現在においても農業振興の基盤として重要な施設で、県内では最初に出来た分水工といわれている。

　この円筒分水工は蔵王連峰の豊富な水源を活用し、澄川用水と黒沢尻用水へと注いでいる。

　これらの疣岩円形分水工の完成により両用水路で潤った、仙南地方（宮城県南部）の蔵王町や大河原町、村田町等ではコメの生産をはじめ農業の盛んな地域として県有数の農業地域に変貌した。この用水によって、この地域は社会基盤や産業が育成され大きな恩恵を得た。疣岩円形分水工は、これらの地域に水を通して豊かな潤のある田園を提供したのみならず、地域間での水争いを未然に防止することによってかけがえのない村民同士の絆をさらに強くした。

　そして、現在においても、この用水は大きな役割を担って流れ続けている。

4　結びにかえて

　生命あるものは食べ物を摂取しなければ生命の維持は不可能である。原始時代では生きるために人間は食べ物を求めて狩猟生活を行っていた。狩猟採集社会は不安定な食料獲得のための生活であった。その後、小麦やコメが発

見され、それらを栽培することによって一定の食料確保が可能となった。小麦はメソポトミア地方の西アジアで約1万年前から栽培されていたといわれ、またコメはインドの北西部や東南アジア、そして中国の雲南省で約九千年前から栽培されていたといわれている。

　これらの狩猟採集社会生活から小麦やコメを食として栽培をはじめた頃からは、一定の地域に定住化が進んだ。

　これらの主食とされる小麦やコメの栽培に不可欠なものが「水」である。食料を栽培することは水を確保することである。水あっての食料確保である。世界において水確保の歴史は長い。カナートはメソポトミア文明の灌漑施設の水路であり、農業用水と生活用水として使用され、近年まで続いていた。中国においては四川省では揚子江の支川である泯江から水を引き、四川台地の農業地を潤すために、紀元前256年の戦国時代の秦国が灌漑用水施設として都江堰を建設した。この施設は世界で屈指の歴史を持つ灌漑用水である。

　日本においては、古くから用水が発達し日本最古の用水として、福岡県にある裂田の溝（さくたのうなで）があり、また藩政時代には新田開拓に伴って多くの用水が掘削された。例えば、加賀藩時に掘削された富山県黒部市の「十二貫野用水」や熊本県上益城郡山都町の「通潤橋」などは農業用水である。その後、明治政府時には食料生産のために新田開発が進められた。円筒分水も明治後半から大正期に設置された。円筒分水は近代農業用水路の革命的存在であるといえる。

　日本は「豊葦原瑞穂の国」として、古代より稲作が盛んに栽培されてきた。この稲作には欠かせぬ存在が水であり、その水を通す施設が用水路である。水と用水路は表裏一体の関係にあるといえる。日本は縄文時代よりコメは主食として用いられ、コメ文化やコメ社会を育んだできた経緯がある。

　現在の日本の農業を見れば厳しい状況下にあるといえる。地球の自然環境は温暖化や異常気象等に伴う農産物の生産高の不安定や米の価格低迷、農業従事者の高齢化と後継者不足、農業離れ、農地の荒廃や耕作地放棄など大き

写真6 家庭から農業用水路へと流されている様子

撮影：筆者 2019年10月20日

　な課題が山積している。このような状況下で、農業用水を巡る最高裁判所の判決が下された。それは、土地改良区等が管理する農業用水路に、一般家庭（非農家）の浄化槽で処理した屎尿（しにょう）を流しているものに対して、使用料の支払いを強制できるかが争われた裁判で、最高裁判所第1小法廷は、令和元年7月18日、使用料を請求することができないと判示した。判決では「河川法に基づく許可は、灌漑目的のために必要な限度で流水を使える権利にすぎず、直ちに第三者の水路への排水を禁止できるものではないと指摘。排水を禁止できるとして改良区の請求を一部認めた二審判決を破棄し、請求を退けた」[26]。

　この裁判は徳島市国府地区にある「以西（いさい）土地改良区」が、公平性の観点から、農業用水路の使用料未納者に支払いを求めた裁判である。同土地改良区域では、1960年代から非農家が増加し、使用料として各家庭から年間約5,000円から10,000円を徴収していた。しかし、使用料の支払いを

拒否する住民が近年増加しており、用水路使用料の支払いを未納者に求め、徳島地方裁判所に訴訟を提起した。第一審の徳島地方裁判所では「排水が水路に流されても、改良区に損失が出たとは認められない」として請求を棄却した。第二審高松高等裁判所では、第一審の判決を取消して、住民側に対して使用料の支払いを命じた。

　最近の農業地域内で「混住化」が進み、農業集落排水などの下水道整備がされていない地域では、合併浄化槽で処理された生活排水が農業用水路に流されており、こうした利用形態は、農林水産省の調べ（2017 年度）では、全国 3,824 地区、38％に及んでいる[27]。

　例えば、千葉県佐倉市の鹿島川土地改良区場合では、建設時に 1 平米当たり 200 円の開発行為として負担金（協力金）を、宮城県仙南地方の某土地改良区では、非農家が農業地域内に一般家庭住宅を建てた時の農業用水路使用料として 1 回限りで 10,000 円の事務費を、福島県某土地改良区では、合併槽のサイズで金額を定め、建設時の 1 回限りで料金を徴収している。千葉県南部の某土地改良区では負担金は水利組合が徴収している。

　これまで請求料の法的根拠が曖昧な形で徴収されており、最高裁判決は農業用水路の維持や費用負担の在り方については、法令に基づき、管理権限を持つ自治体と土地改良区の間で、整理、検討する必要があると指摘している[28]。

　農業用水路は、農家が賦課金（組合費）等を支払うことにより維持管理されており、今回の最高裁の結論は、土地改良区関係者や農家から見れば、理解されにくい面も多々あり、関係者に大きな衝撃をもたらしたことが推測される。

　しかし、この判決を従来の慣習的要素からの脱皮の機会と捉え、生活排水の営農への影響とともに、受益と負担を見据えた、新たな農業用水路の維持管理や利用のあり方を再考していく、絶好の機会と受け止めるべきではないだろうか。

　いずれにしても日本農業は国内的事情と国際的事情により今後、大きく変

貌せざる得ない時期はそう遠くない。

　地球の自然環境の変化や世界の社会がどのように変化しようと、水田のある田園風景は次世代への贈り物として守らなければならない。

[注]
1)『令和 2 年度版　水循環白書』内閣官房水循環政策本部事務局編集、日経印刷株式会社発行、令和 2 年 7 月発行、69 頁参照。
2) www.maff.go.jp/j/nousin/keityo/mizu_sigen/…/panf05_j.pdf 参照　アクセス 2015. 7. 31。
3)『平成 27 年度版　食料・農業・農村白書』編集農林水産省、発行 2015 年 6 月、119 頁参照。
　　・農業用水路（用水路・排水路）」には田畑に農業用の水を導くもののほか、集落内の生活排水を下流の河川に流す。
　　http://www.33call.jp/faq2/userqa.do?user=faq&faq=01&id=06103005&parent=10909 参照、2015. 7. 31。
4) www.maff.go.jp/j/nousin/keityo/mizu_sigen/…/panf05_j.pdf 参照　アクセス 2015. 7. 25。
5) 志村博康「水の配分と土地改良区の行動についての基礎的分析」『水利科学』No. 125（第 22 巻第 6 号）（1979 年 2 月）36 頁参照。
6)『平成 27 年度版　食料・農業・農村白書』農林水産省編集（2015 年 6 月）119 頁参照。
7) 前川勝朗「カンガイ用水路におけるゲート分水の水理に関する研究」、山形大学紀要（農学）第 8 巻第 1 号発行（昭和 53 年（1978）2 月）168 頁参照。
8) 金山明広『望星 10』―「『公平』『平等』で秩序を守る "水の番人" 円筒分水の謎に迫る！」発行：東海教育研究所　2013 年 10 月、25 頁参照。
9) 金山明広「心潤す田園の『円筒分水』」日本経済新聞（2009 年 11 月 16 日）参照。
10) https://www.jstage.jst.go.jp/article/jjsidre1929/2/1/2_1_1/_pdf 参照、アクセス 2015. 6. 23。
11) 金山明広『望星 10』―「『公平』『平等』で秩序を守る "水の番人" 円筒分水の謎に迫る！」発行：東海教育研究所（2013 年 10 月 1 日）29 頁参照。
12)　http://wpedia.goo.ne.jp/wiki/%E5%86%86%E7%AD%92%E5%88%86%E6%B0%B4 参照、アクセス 2015. 6. 23。
13) 日外アソシエーツ『河川大辞典』（1991 年）925 頁参照。
14) 村田町外一町澄川土地改良区編『清く青く限りなく―澄川用水路通水五十周年記念誌』（2009 年（平成 21 年）10 月）16 頁。
15) http://www.town.zao.miyagi.jp/kurashi/kurashi_guide/sangyo_kensetsu/nourin/bunsui.html 参照、アクセス 2015. 5. 16。
16) http://www.midori-sennan.jp/sumikawa/t_gaiyou.html 参照。アクセス 2015. 5. 14。
17)　http://www.n-renmei.jp/publication/rekishi/rekishi-10.htm 参照。アクセス 2015. 6. 28.。
18) http://www.town.zao.miyagi.jp/kurashi/kurashi_guide/sangyo_kensetsu/nourin/

bunsui.html 参照、アクセス 2015. 6. 16。

19）http://www.pref.miyagi.jp/soshiki/oksgsinns/yousui-history-sumisui.html 参照。アクセス 2015. 6. 28。

20）村田町外一町澄川土地改良区編『清く青く限りなく―澄川用水路通水五十周年記念誌』（2009 年（平成 21 年 10 月）、88 頁参照。

21）http://www.pref.miyagi.jp/soshiki/oksgsinns/yousui-history-sumisui.html 参照。アクセス 2015. 6. 28。

22）http://www.midori-sennan.jp/sumikawa/t_keireki.html 参照、アクセス、2015. 7. 26。

23）http://www.pref.miyagi.jp/soshiki/oksgsinns/yousui-history-kurosui.html 参照、アクセス 2015. 7. 28。

24）http://www.pref.miyagi.jp/soshiki/oksgsinns/yousui-history-kurosui.html 参照、アクセス 2015. 7. 28。

25）http://committees.jsce.or.jp/heritage/node/677 アクセス 2015. 5. 16。

26）『日本経済新聞』2019 年 7 月 19 日。

27）『読売新聞』2019 年 7 月 17 日参照。

28）https://database.yomiuri.co.jp/rekishikan/viewerYomiuriNewsStart.action?objectId=9... 参照、アクセス：2019. 8. 8。

第2章　千葉県内の円筒分水

1　はじめに

　千葉県は関東地方の南東部に位置し、房総半島の房総丘陵の地形で年間を通して温暖な気候により多種多様の植物が生い茂る地である。農産物は水稲をはじめ野菜や果実などの生産が盛んである。平成25年度においては米の生産量は337,500トンで全国9位であり、かつ良質の銘柄米が生産されている。これらの米の生産に欠かせないのが水の存在である。水田の水は地域の土地改良区によって用排水施設の整備や農地整備など土地の改良などを担い管理・運営されている。土地改良区の業務の一つに、水田をはじめとする農地への安定した水の供給を行う。これらは日本全国ほとんど同じでまさしく「瑞穂の国」ならではの光景を醸しだしている基盤的な組織である。

　これらの光景の礎の一部を担っているのが農業用水路であり、その中で公平で安定した水の分配を行っている施設の一つに「円筒分水」がある。

　千葉県内には筆者が知る限りでは、15の円筒分水が存在している。これらは5つの土地改良区において管理・運営されている。筆者は、これらの「円筒分水」の施設を全て調査・見聞した。加茂川土地改良区内には「大日円筒分水工」「八色円筒分水工（ヤイロ）」「高溝円筒分水工」「坂東円筒分水工」「滝山円筒分水工」の5つが施設されている。両総土地改良区内には「多古円筒分水」「東金円筒分水」には2つが施設されている。印旛沼改良区には「安食円筒分水」「公津円筒分水」「酒々井円筒分水」の3つが施設されている。手賀沼土地改良区には「湖北台円筒分水」「泉円筒分水」が施設されている。君津市小櫃南部土地改区の「円筒分水槽」1つが施設されている。そして安房中央土地改良区の「嵯峨志分水工」、「滝の谷（やつ）分水

工」の2つが施設されている。上記の円筒分水の名称は全て当該管轄の土地改良区に従った名称である。一部の資料等では名称の相違があることを申し上げる。

　本章では、筆者は上記の円筒分水を各土地改良区の職員の方の案内で、つぶさに調査・見聞を行ったものである。今回は、各土地改良区から提供していただいた資料やその他の資料に基づいて作成した。写真や円筒分水構造図面を掲載して紹介する。

2　円筒分水とは

(1) 沿革

　「円筒分水」は明治44年（1911）に水を公平に分配するために考案されたものである。一世紀を超える歳月を経た現在のおいても、そのシステムは日本各地で稼働されている。

　農業土木研究第2巻1号によれば、可知貫一（かちかんいち）が、一つの水源から離れた地域に水を引くために「高価な水の公平な配分」装置として考案された。それは新たに引いて分水するために考案したとされている[1]。円筒分水プロトタイプが考案され、場所は岐阜県可児郡小泉村耕地整理地区（現在の多治見市）に放射式装置が設置されたようである[2]。

　このような目的で考案された円筒分水であるが、円筒分水の水の均衡な配分や公平な水の配分システムがやがて日本の各地発生していた「水争い」の解決の一助なった。

　日本の歴史において、飢饉が幾度となく襲った経緯がある。それは冷害や旱魃など天候不順が起因となって大飢饉に見舞われた経緯がある。その中で旱魃による被害は大小に関わらず全国的に発生していた。このような状況が日本の各地で頻繁に発生すれば、コメ作りに欠かせないのが水である。旱魃ともなれば水争いが当然発生するのは必然的である。上流下流や上下水田における水の奪い合いで我田引水が起こる。円筒分水は、日本の稲作文化にお

ける水争いの解決の一助となったことも事実である。大正期から戦前の昭和
初期には日本各地で作られた。戦後において食料増産のために新田開拓に伴
って設置されたのが現在も存在している。

(2) 円筒分水の種類

　円筒分水の分類を「円筒分水の知識」[3] の資料によれば下記のように説明
している。
　円筒分水はサイフォンにより下から吹き上げられた水を、同心円上に越流
（またはオリフィス）させることにより、用水を均等・厳格に分けることがで
きる。

I．扇形分水

円筒分水の原型。流速分布（速度水頭）を解消するための扇形溢流堰と同心
円からなる分水堰からなる

II．オリフィス型

　オリフィスの孔数によって分水比が分かれるほか、内円筒分水の水位を計
測することで流量を算出することができる。塵芥による目詰まりが弱点。
　可知貫一氏が考案した放射式分水装置。岐阜県可児郡小泉村（現：多治見
市）の耕地整事業で第1号が完成。

III．溢流型

　円筒分水の最終型。越流部を格子状（スリット）とすることにより分水比
を明確化。また、全溢流型では溢流長の比率によって分水比を設定。

3 千葉県の円筒分水

3-1 鴨川市加茂川沿岸土地改良区

(1) 加茂川沿岸土地改良区の概要

鴨川市は、千葉県の南東部に位置し南房総国定公園を有する人口約3万3000人で南房総、外房地域の太平洋に面した観光都市である。北部には清澄山系、中央部には県内の最高峰愛宕山（EL408.2 m）を擁する嶺岡山系が縦走する。旧鴨川町、西條村、田原村に跨がる地形的には比較的平坦な耕地を有する地域で長狭平野の一部である[4]。長狭平野の中央部を流れるのが二級河川の加茂川である。

加茂川は、鴨川市西部石畑付近を水源地としての流域延長24.7 kmである。二級河川指定区間は鴨川市金束にある谷川合流点から河口まで延長22.25 kmである。途中、河音川、銘川、金山川などを併合して鴨川市磯村付近で太平洋に注ぐ。別名長狭川ともいう[5]。

加茂川左岸地区は、加茂川及び金山川の沿岸にあって長狭平野の東部に位置し、温暖な気候と自然豊かな環境に恵まれているが、水に乏しい地区である。恵まれた自然環境でありながら水環境が容易でないために農作物は水田単作地域である。このような状況により長年の間、水確保、用水確保、旱魃など水不足が常態化していた地域であった。金山川は、鴨川市打墨の金山ダムを水源として、市内の大里付近で加茂川に合流する。延長11.1 kmの二級河川である[6]。

長年に水に乏しかった、この地域に用水不足解消の策が講じられた。昭和27年（1952）に農業用水ダム（金山ダム）を建設し、用水路を新設することが採択され着手された。本事業は加茂川支流金山川上流の打墨地先に建設するものである。住民の長年の悲願であった水不足解消と営農の合理化がすすめられることになった。従来の用水施設の中で17か所の有効施設（溜池7

カ所、揚水機場 8 カ所、井堰 2 カ所) を利用する。用水量の不足分は新設の金山ダムに依存する。そして用水路施設を一新して、土地の有効利用と農業経営の合理化と安定化を目指し、当地区の農業生産力向上と地域社会の発展を期待された事業であった[7]。

図1　加茂川沿岸用水全体図

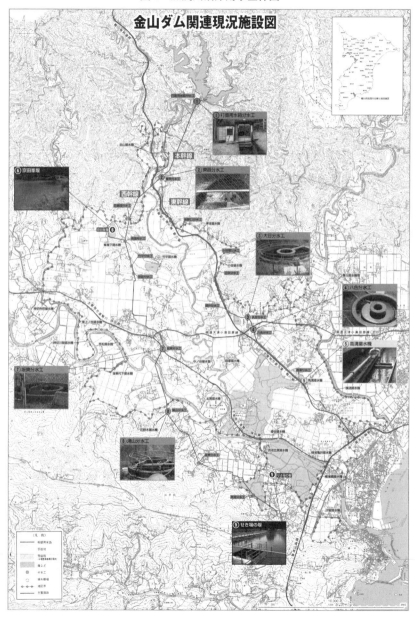

(2) 金山ダムの概要

金山ダム（農業用水専用ダム）の水源は、金山川上流、斧落沢、豆ヶ堀沢の合流点、右岸側の鴨川市打墨字船石、左岸側が鴨川市京田字金山地先で金山川を堰止め貯水するものである。金山ダムの詳細は下記表1で示す。

表1　金山ダム概要

名　　　　称	金山ダム
河　川　名	二級河川加茂川水系金山川
ダ　ム　形　式	アーチ式
用　　　途	灌漑用水
位　　　置	右岸　　千葉県鴨川市京田字金山地先
	左岸　　千葉県鴨川市打墨字船石地先
流　域　面　積	545.6 ha　　山林 90%　　原野その他 10%
地　　　質	第3紀層凝灰質左岸及負石
満　水　面　積	21 ha
常　時　満　水　位	EL70.00 m
最　低　水　位	EL54.00 m
利　用　深　水	H = 16.00 m
総　貯　水　量	V = 1,801,028 m³
有　効　貯　水　量	V = 1,726,515 m³
堤　　　高	28.281 m
堤　　　長	110.0 m
推　砂　量	V = 74,515 m³
灌　漑　面　積	A = 592 ha
異　常　洪　水　位	EL71.184 m
工　期　期　間	1952 年度（昭和 27）〜1966 年度（昭和 41）
管　理　者	千葉県（県営金山ダム）
総　事　業　費	4 億 5 千万円（国と県が 75% 補助）

出典：『金山ダムと土地改良—鴨川市加茂川沿岸土地改良区創立 30 周年記念誌』を参考に筆者作成

図2　金山ダム用水系統図

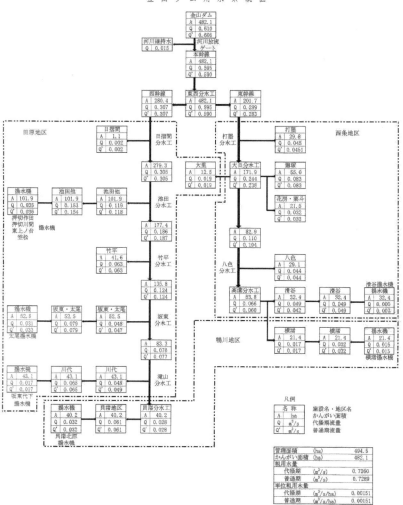

（3）加茂川沿岸土地改良区の円筒分水

　加茂川沿岸地区は金山ダム建設によって大きな変貌を遂げた。前述したように、この地区は温暖な気候に恵まれているものの水に乏しい地域で、長年水不足地域で用水確保や旱魃との闘いの繰り返しの歴史であった。このような水の少ない地域に灌漑用水専用のダムが建設されたことによって、この地域は農地改良、区画整理、用水路新設など農地振興が飛躍的に進み従来の様相とは一転したものと思われる。

　この金山ダム建設と同時に進められたのが農業用水路の新設や整備であった。この工事と共に新用水路が加茂川の右岸、左岸に施設された。金山ダム完成時に併設されたのが5つの円筒分水も設置された。加茂川土地改良区内には「大日円筒分水工」「八色円筒分水工（ヤイロ）」「高溝円筒分水工」「坂東円筒分水工」「滝山円筒分水工」がある。

I　本幹線用水路

　本幹線用水の概要を『金山ダムと土地改良―鴨川市加茂川沿岸土地改良区創立 30 周年記念誌』[8] には下記のように記されている。

　本幹線用水の起点は横樋トンネルの出口とし、打墨字美の口の東西分水工まで $\ell = 1,171$m、通水量 0.714 m^3/sec。東西分水工からの分水は斜流分水工により東幹線 Q = 0.355 m^3/sec、西幹線 Q = 0.3584 m^3/sec に分水されている。

　本水路のほとんどがトンネルであり、上部半円をメッキコルーゲート鉄版で、ライニングを施し、水当部はコンクリートライニングとしている。暗渠及びサイフォンは ϕ 800 m/m のラバージョイントヒューム管を採用。

住　　　所：鴨川市打墨 220-1

方　　　式：斜流分水

支 配 面 積：592 ha

延　　　長：1,171 m

流　　　量：通水量 0.714 m^3/sec

　暗　　　渠：168.9 m φ 800 m/m　ラバージョイントヒューム管

　隧　　　道：889.9 m 水当部コンクリートライニング・供部コルゲートラ
　　　　　　　イニング

　逆サイフォン：83.3 m φ 800 m/m　ラバージョイントヒューム管

　東西分水工：斜流分水工 20.8 m　分水量 0.714 m³/sec（東幹線 0.3553　西
　　　　　　　幹線 0.3587 m³/sec）

①　東西分水工

　東西分水工は、加茂川沿岸地域の水不足への対応として、金山ダムが建設
されると同時に併設事業として用水路の新設がなされた。この地域の用水の
要が「東西分水工」である。この用水は金山ダムからの水を東西分水工へと
送り、その後、その水を東西分水工を源として、「東幹線用水路」と「西幹
線用水路」を通じて送水されている。

　当分水工の位置は、県道 24 号線からはずれて細い道路を辿り左右の右の
水田を眺めながらしばらくすると正面に東西分水工が現れる。（写真 1、2）
山を掘り崩して施設され、周囲は金網が張られ出入口には施錠されていた。
トンネルの奥から流れる水を東と西の幹線用水路の二つには分けて送水して
いる。山間地に施設され付近には民家がある。東西分水工から急斜面の道路
を下ると間もなく県道 24 号線に辿る。

　以下、写真 1、2　　構造図面番号 9 を掲載

写真 1　東西分水工（斜流分水方式）

撮影：筆者　2016 年 8 月 23 日

写真 2　東西分水工（斜流分水方式）

撮影：筆者　2016 年 8 月 23 日

図3　東西分水工　構造図面番号9

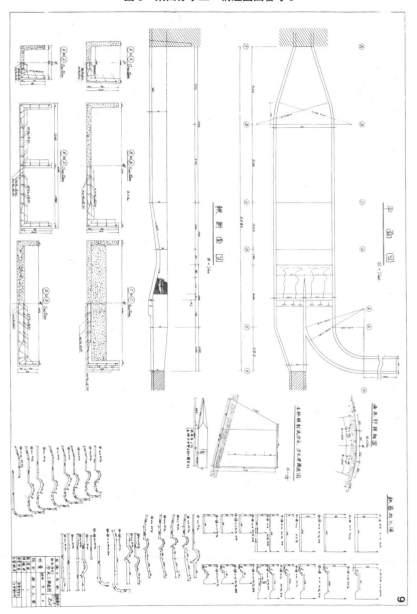

Ⅱ　東幹線用水路

東幹線用水路の概要を『金山ダムと土地改良―鴨川市加茂川沿岸土地改良区創立30周年記念誌』[9]には下記のように記されている。本幹線用水路はパイプライン方式を採用。公道などを利用して、大日分水工まで、ℓ＝2,625 m を1本のサイフォンでφ600 m/m ラバージョイントヒューム管を埋設した。大日分水工を横渚線 0.1785 m^3/s、花房線 0.0524 m^3/s、廻塚線 0.0752 m^3/s と3方向に分水。横渚線は東幹線の第3工区として、φ350 m/m のヒューム管で鴨川市八色の苗代堰までの ℓ＝1,273 m を施工し、さらに放水路として、現在の市役所に近い八色地先まで ℓ＝605 m、廻塚線は大日堰まで ℓ＝62.30 m、花房粟斗線は粟斗地先まで ℓ＝270.5 m を施工した。

支 配 面 積：262.5 ha
延　　　長：3,898 m
流　　　量：通水量 0.355 m^3/sec
逆サイフォン：3,897.7 m
放 水 路 工：610 m　φ250 m/m　ラバージョイントヒューム管
附　帯　工：花房線 270.5 m　廻塚線 62.3 m

東幹線用水路には大日円筒分水工、八色円筒分水工、高溝円筒分水工がある。

①　大日円筒分水工

住　　　所：鴨川市打墨 765
方　　　式：円筒分水
内　　　容：円筒越流式分水工　分水量 0.3061 m^3/sec（横渚 0.1785　花房 0.0524 廻塚 0.0752 m^3/sec）

大日分円筒水工は、鴨川市の打墨地区ある金乗院の敷地の裏にある。金乗院は鴨川市屈指の寺院であり、真言宗智山派で安房国53番札所の一つである。この寺院の裏には墓地がり、側の道を辿ると間もなく大日円筒分水工が現れる。生い茂る樹木や草木に囲まれ、人目にふれる機会も少ない場所でひっそ

りとその使命を果たしていた。

　以下、写真 3、4、5、6　　構造図面番号 55、56 を掲載。

（大日円筒分水工（加茂川土地地改良区）昭和 41 年 3 月竣工）

写真3　大日円筒分水工

撮影：筆者　2016年8月23日

写真4　大日円筒分水工

撮影：筆者　2016年8月23日

写真 5 大日円筒分水工

撮影：筆者 2016 年 8 月 23 日

写真 6 金乗院

撮影：筆者 2016 年 8 月 23 日

図4 大日円筒分水工 構造図番号55

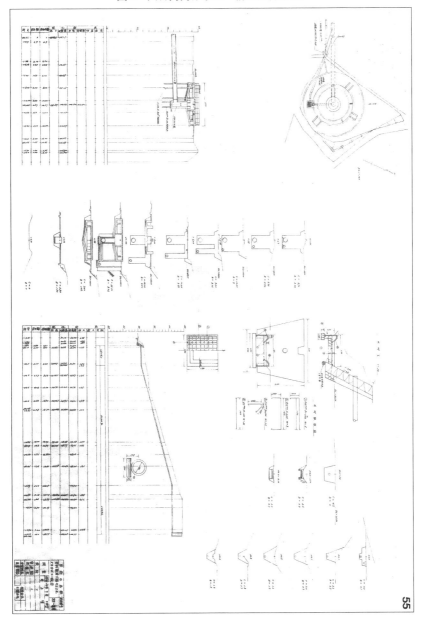

図 5　大日円筒分水工　構造図面番号 56

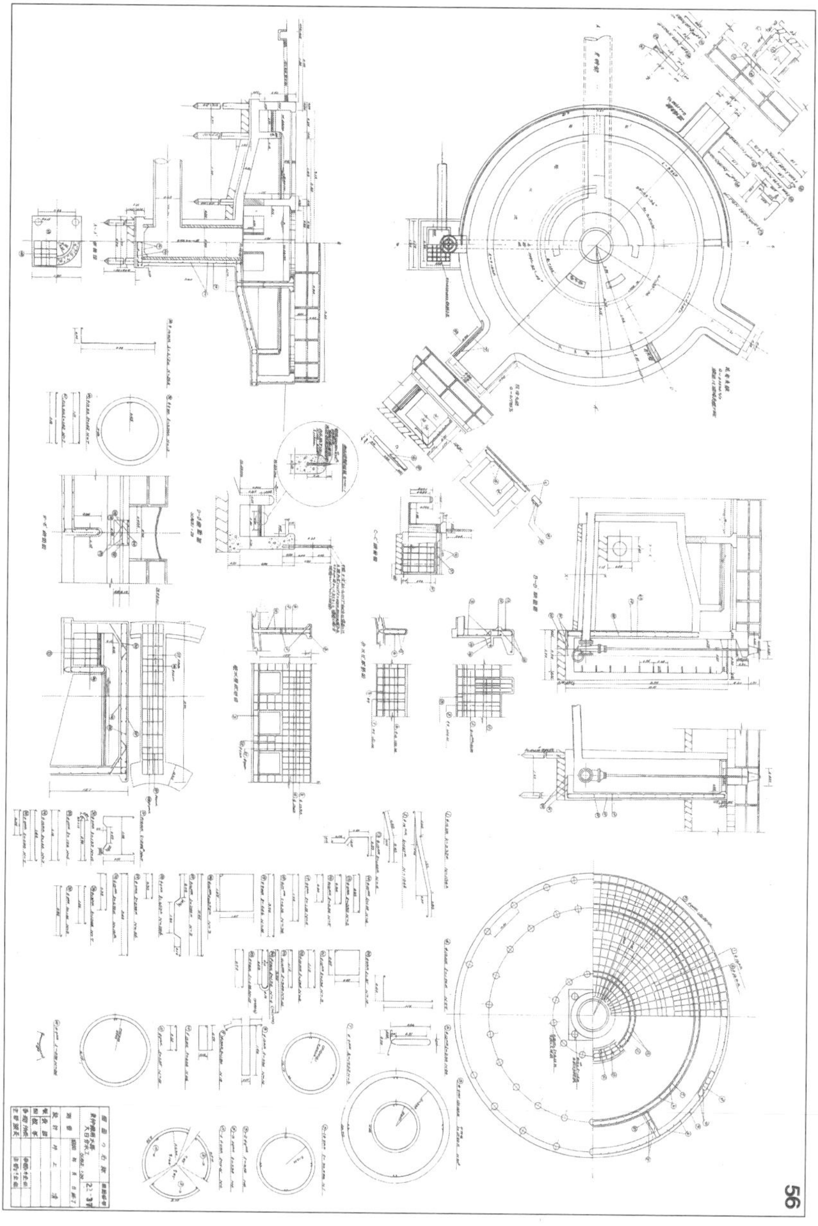

②　八色円筒分水工（ヤイロ）

住　　　　所：鴨川市八色 1281-2

方　　　　式：円筒分水

内　　　　容：円筒越流式分水工　分水量 0.1785 m³/sec（横渚 0.1156　八色
　　　　　　　0.0629 m³/sec）

県道 24 号線の大日交差点から県道 181 線の側に位置する。道路の下にあり道路の上から見ることができる。西条公民館のバス停付近である。フェンスで囲まれていた。

以下、写真 7、8、9、10　構造図面番号 58 を掲載

八色円筒分水工（ヤイロ）（加茂川土地地改良区）昭和 42 年 3 月竣工

写真7 八色円筒分水工

撮影：筆者 2016年8月23日

写真8 八色円筒分水工

撮影：筆者 2016年8月23日

写真 9　八色円筒分水工

撮影：筆者　2016 年 8 月 23 日

写真 10　県道 181 号線

撮影：筆者　2016 年 8 月 23 日

図6　八色円筒分水工　構造図面番号 58

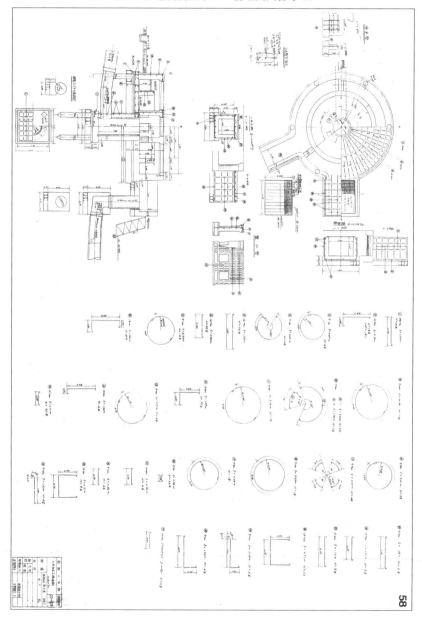

③　高溝円筒分水工

住　　　所：鴨川市八色 346

方　　　式：円筒分水

内　　　容：円筒オリフィス分水工　分水量 0.11561 m³/sec（横渚 0.0584
　　　　　　滑谷 0.0572 m³/sec）

当分水工は県道 24 号線の鴨川農協本店前交差点（通称）にある。フェン
スに囲まれいつも施錠されている。外側から容易に中見ることができる。大
きな水道の蛇口のバルブ 8 個が付いており、また一部の水は県道 24 号線に
沿って苗代堰の上を水路で送水しているのが特長である。

以下、写真 11、12、13、14、15　構造図面 57 を掲載。

（高溝円筒分水工（加茂川土地地改良区）昭和 42 年 3 月竣工）。

写真 11　高溝円筒分水工

撮影：筆者　2016 年 8 月 23 日

写真 12　高溝円筒分水工

撮影：筆者　2016 年 8 月 23 日

写真 13　8 個のバルブ

撮影：筆者　2016 年 8 月 23 日

写真 14　苗代堰

撮影：筆者　2016 年 8 月 23 日

写真 15　苗代堰の上を流れる水路

撮影：筆者　2016 年 8 月 23 日

図7　高溝円筒分水工　構造図面番号 57

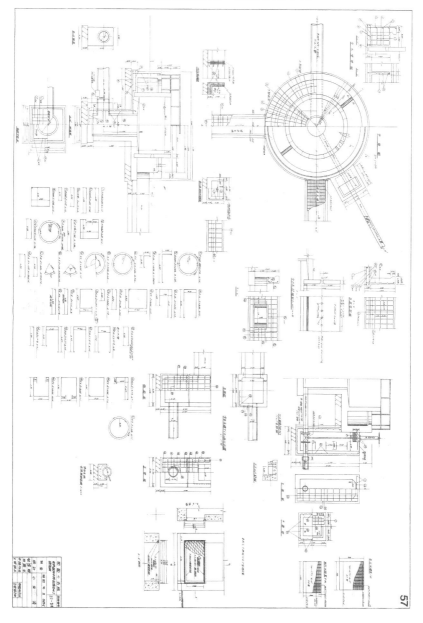

Ⅲ　西幹線用水路

　西幹線用水の概要を『金山ダムと土地改良―鴨川市加茂川沿岸土地改良区創立 30 周年記念誌』[10] には下記のように記されている。

　本幹線は東西分水工を起点として、金山川を水管橋（ℓ=41.4 m）で渡り、サイフォン7ヵ所、トンネル5ヵ所、暗渠2ヵ所で、日摺間、京田、坂東、川代、滝山、来秀を経て貝渚までの延長 6.003 m である。特に、京田から坂東を経て滝山分水工までは φ400 m/m　ラバージョイントヒューム管（内水圧 7 km/cm² 圧力管）を布設し、1 本のサイフォンとして施工された。途中の坂東分水工は、デスクバルブを併用した、オリフィス分水工で、追分、上の原、中の台とそれぞれ分水され、また、二級河川の加茂川を三角トラスと補鋼式水管橋として横断した。滝山分水では川代線へ 0.0604 m³/s を分水している。

　太田学地区へは、日摺間地先の第 3 トンネル入口から分水し、トンネルなど ℓ=279.504 m を水路工として施工。川代線については暗渠、サイフォンにより ℓ=128.5 m 間を φ350 m/m ヒューム管を施工した。

　支配面積：329.5 ha

　延　　長：6,003 m

　流　　量：0.3584 m³/sec

　隧　　道：699.7 m　5 カ所

　暗　　渠：144 m　2 カ所

　逆サイフォン：5,146.4 m　7 カ所

　金山川水管橋：41.4 m φ600m/m

　加茂川水管橋：48.2 m φ400m/m　3 角トラス補鋼管橋

　附 帯 工：池田線 475 m　川代線 127.5 m

　西幹線用水路には坂東円筒分水工、滝山円筒分水工がある。

①　坂東円筒分水工

　住　　　　所：鴨川市坂東 338-6

　方　　　　式：円筒分水

　内　　　　容：デスクバブル併用　円型オリフィス分水工 0.0578 m³/sec

（追分 0.0129　上ノ原 0.007　中ノ台 0.0379 m³/sec）

　県道 34 号線（長狭街道）に沿った坂東地区にある。周囲には金網のフェンスに囲まれ施錠されている。交通量も少なく閑疎な地域である。

　以下、写真 16、17、18　構造図面番号 129、131 を掲載。

（坂東分水工（加茂川土地地改良区）昭和 41 年 3 月竣工）

写真 16 坂東円筒分水工

撮影：筆者 2016 年 8 月 23 日

写真 17 坂東円筒分水工

撮影：筆者 2016 年 8 月 23 日

写真 18　坂東円筒分水工

撮影：筆者　2016 年 8 月 23 日

図8　坂東円筒分水工　構造図面番号 129

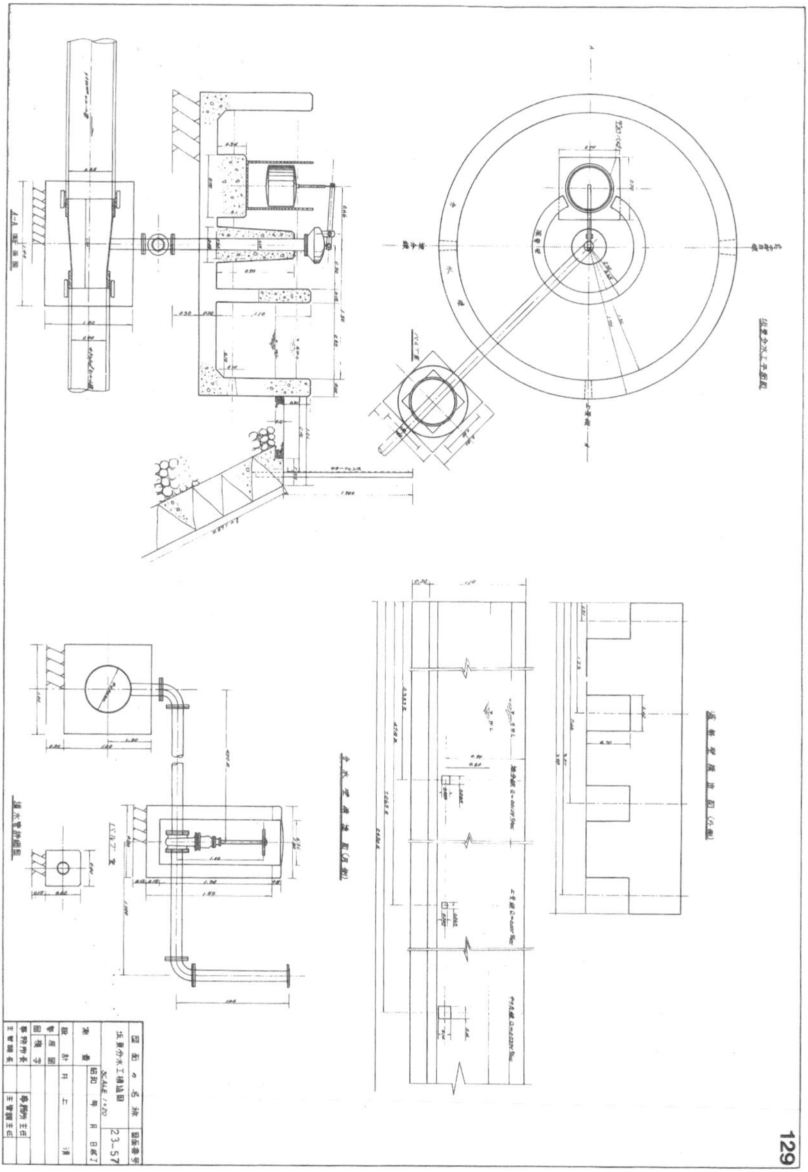

図9　坂東円筒分水工　構造図面番号 131

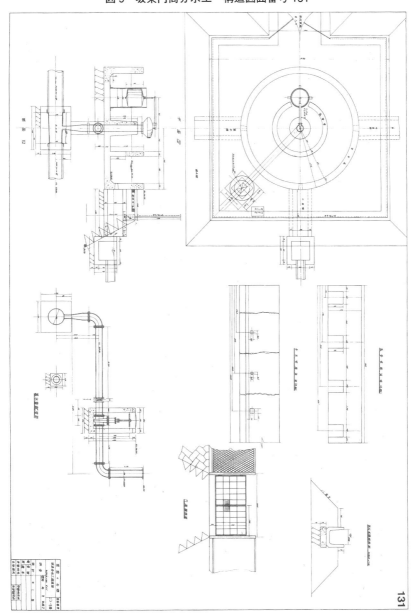

② 滝山円筒分水工

住　　　所：鴨川市川代 675-4

方　　　式：円筒分水

内　　　容：円型オリフィス分水工 0.1426 m³/sec（川代 0.0604　貝渚 0.0822
　　　　　　m³/sec）

　当分水工は、県道 34 号線から川代地区方面に川代地区集会所や勝福寺を
目標に水田風景を眺めながら進む。小高い丘に辿ると民家がある。民家の庭
先を通り抜けて、さらに山道を辿ると約 5 分程度で着く。山林の中にあるた
めに枯れ枝や落ち葉が円筒内にはいり塵芥による目詰まり防止するためにネ
ットをが張ってあった。水が威勢よく流れており、水の音も山中に響いてい
たのが印象的であった。

　以下、写真 19、20、21、22　構造図面番号 124、126、133 を掲載。

（滝山円筒分水工（加茂川土地地改良区）昭和 42 年 3 月竣工）

写真 19　滝山円筒分水工

撮影：筆者　2016 年 8 月 23 日

写真 20　滝山円筒分水工

撮影：筆者　2016 年 8 月 23 日

写真 21　滝山円筒分水工

撮影：筆者　2016 年 8 月 23 日

写真 22　滝山円筒分水工

撮影：筆者　2016 年 8 月 23 日

図 10　滝山円筒分水工　構造図面番号 124

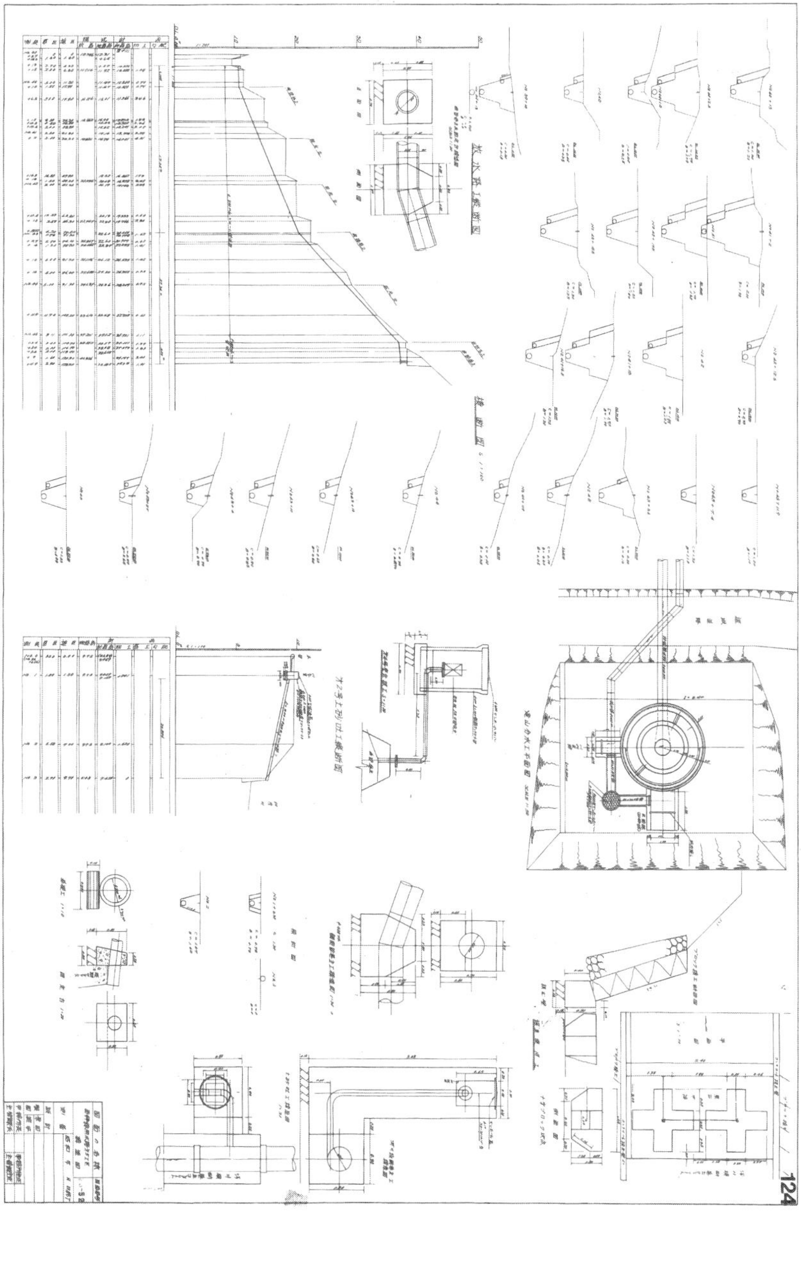

図11　滝山円筒分水工　構造図面番号 126

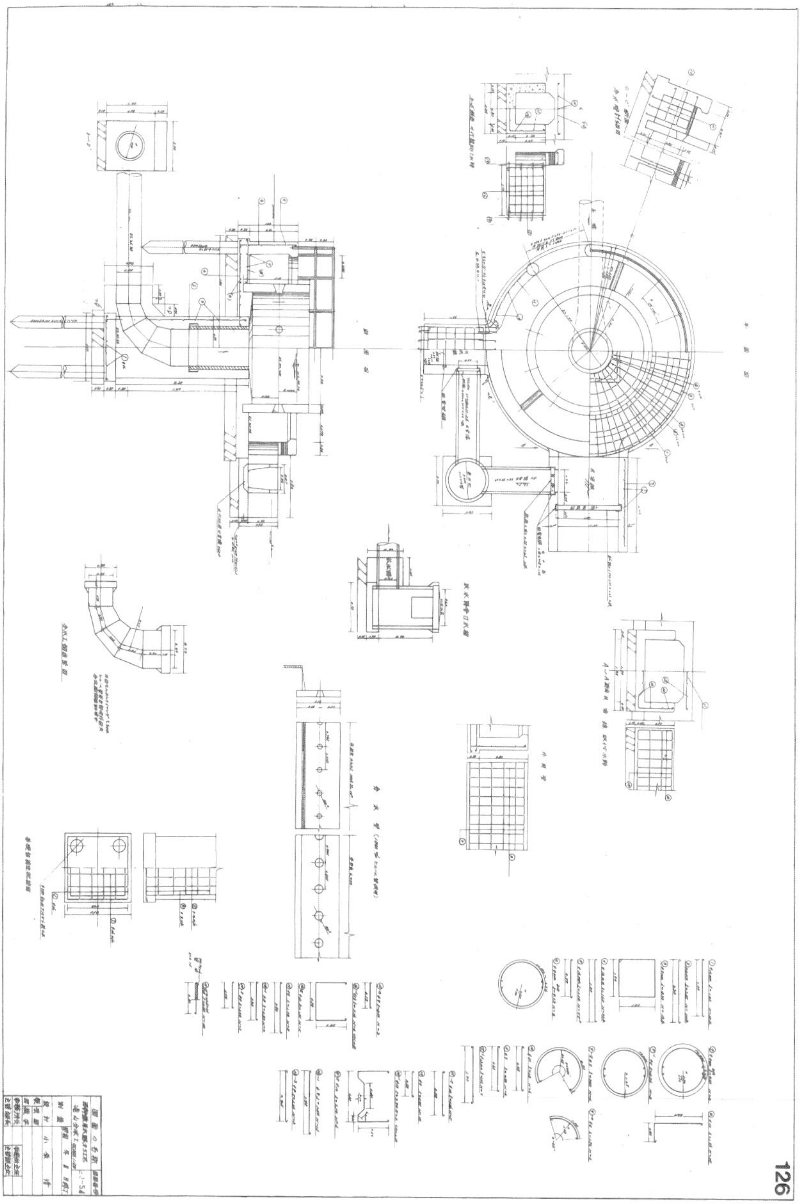

126

図 12　滝山円筒分水工　構造図面番号 133

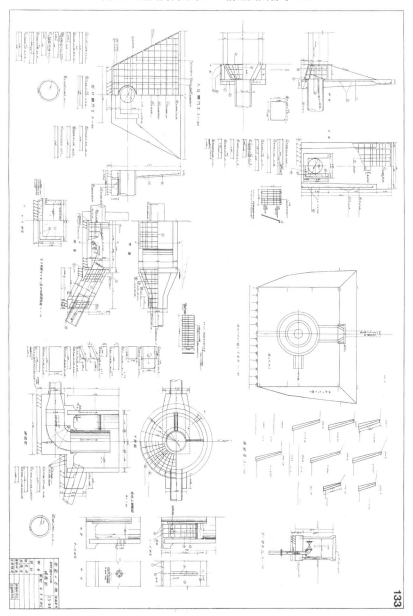

3-2　両総土地改良区

（1）両総土地改良区の概要

I　房総導水路事業

　房総導水事業は水資源開発公団（現水資源機構）によって昭和 45 年度
（1970）から平成 16 年度（2004）の 34 ヶ年間の長き期間において実施された
事業である。目的は九十九里地域、南房総地域、千葉県及び千葉市への水道
用水と千葉臨海工業地帯及び工業用水としてその周辺への水供給である。

　事業内容は図 13 に示すように、両総用水施設の一部（利根川両総水門〜両
総第一揚水機場〜北部幹線〜栗山川〜横芝堰）の約 32 km を共用。そして横芝
揚水機場から長柄ダムを経て大多喜ダム（中止決定済）までの 67 km を上記
公団専用水路で送水する。

　この事業は農業用水や工業用水のみならず水道用水としての使命を担う用
水である。

　水道用水として九十九里地域に 2.14 m³/s、南房総地域 0.5 m³/s、千葉県
1.849 m³/s、千葉市 0.411 m³/s。また、工業用水として千葉臨海地域とその
周辺に 3.5 m³/s で、合計 8.4 m³/s を都市用水として供給することを目的と
した[11]。

図 13　両総土地改良区管内平面図

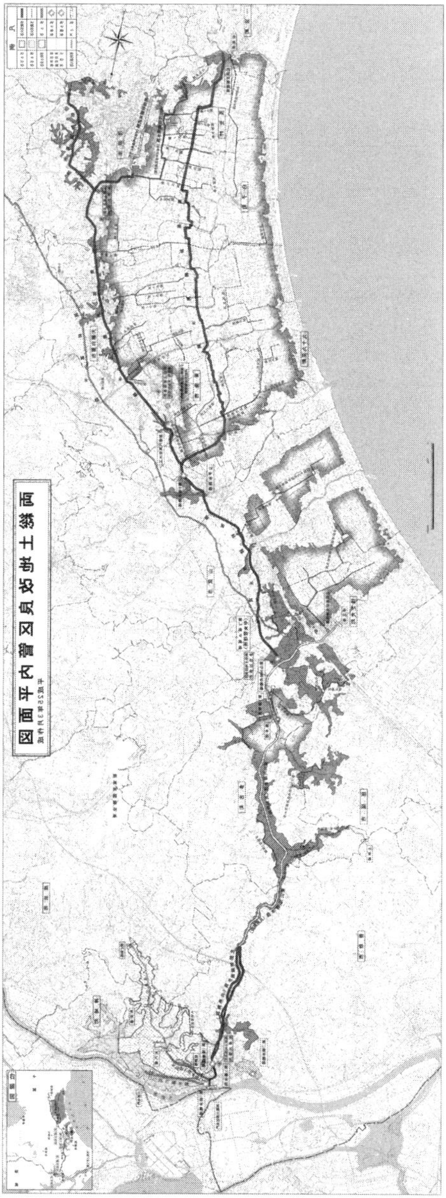

Ⅱ　両総農業水利

　両総地区は、房総半島東岸にある九十九里平野と利根川右岸、栗山川沿岸に位置し、水田 13,560 ha、畑 4,410 ha で合計 17,970 ha の農地を有する農業地域である。

　当地域はかつて慢性的な水不足で水源に恵まれない地域であった。また、利根川右岸の佐原地域（現香取市）は低湿地で常習的な冠水被害を受けていた。両地域の水問題を一刀両断に解決を図ったのが「国営両総用水事業」である。

　昭和 18 年 4 月（1943）に着工し昭和 40 年（1964）に完成した。22ヶ年間の長き事業であった。この事業完成によって、両総地区は長年悩まされた水不足から一挙に解放された。この事業完成により農業地帯として、米をはじめ野菜などの生産高が安定し農産物の供給基地として大きな役割を担っている。

　国営両総用水は長きにわたり、この地域に大いなる水の恵みを与え、この地区を潤い続けてきた。しかし当施設も老朽化が年々増した。そこで、従来の事業計画変更を行い、平成 5 年度（1993）から平成 26 年度（2014）の期間に工事を施行した。その事業概要は下記に示す[12]。

　事業の概要

　受 益 面 積　17,970 ha（水田 13,560 ha、畑 4,410 ha）

　工　事　量　利根川両総水門 1 箇所、頭首工 3 箇所、揚水機場 6 箇所、
　　　　　　　幹線用水路 4 条 70.6 km、支線用水路 8 条 17.2 km、
　　　　　　　排水機場 1 箇所、排水路 2 条 6.9 km

　総 事 業 費　1,070 億円

　工　　　期　平成 5 年度から平成 26 年度

Ⅲ　両総土地改良区

　当土改良区の地域は、千葉県北東部の利根川沿岸、栗山川沿岸及び九十九里平野の香取市、成田市、匝瑳市、山武市、東金市、大網白里市の 7 市と神

崎町、多古町、横芝光町、九十九里町、白子町、一宮町の6町、長生村の1村である。これらの地域は太平洋に面した九十九里浜の九十九里平野の一部と下総地域の市町村によって構成されている。

　土地改良区は農家の組織であり、農家が従事するため農業の農地や用排水施設を守り、施設の管理・運営を行う。

　両総土地改良区は両総用水の管理・運営及び保守や農家からの賦課金などの会計、土地の改良などが主たる業務である。特に、両総用水の管理・運営については、利根川右岸の香取市の佐原粉名口地先から取水し、トンネル、パイプライン等で北総台地を横断して、九十九里平野に農業用水として送水している。延長は約80kmで取水口のある香取市から一宮町まで、千葉県においては最も長い農業用水路であり、日本でも屈指の農業用水路である。千葉県内の水田の約20％を灌漑面積を有している。灌漑地域は利根川の支流である大須賀川の沿岸で北総台地に位置する香取市、成田市、神崎町、そして九十九里平野に位置する栗山川沿岸の多古町・横芝光町・匝瑳市・東金市・山武市・九十九里町・大網白里市・茂原市・白子町・長生村・一宮町など農地を灌漑する7市6町1村にまたがる地域の水田約13,362ヘクタール（平成27年4月1日現在）を灌漑し、県を代表する農業用水路の業務に従事している[13]。

表2　受益面積と各市町村の組合員数

受益面積（平成28年4月1日調整）

総受益面積	17,560ha

組合員数（平成28年4月1日調整）

市町村名	組合員数	市町村名	組合員数	市町村名	組合員数
香取市	1,426	横芝光町	1,749	茂原市	2,409
神崎町	297	山武市	2,745	白子町	1,287
成田市	186	東金市	2,688	長生村	1,229
多古町	1,656	九十九里町	991	一宮町	203
匝瑳市	767	大網白里市	2,104	その他	1,387
合　計　21,124人					

出典：http://www.ryoso-lid.or.jp/framepage.htm

(2) 両総土地改良区の円筒分水

両総用水は北総台地や九十九里平野の農地を灌漑している中に、水を公平かつ満遍なく配分しているのが円筒分水である。

両総土地改良区内に2つの円筒分水がある。「多古支線円筒分水」と「東金支線円筒分水」がある。ここで両円筒分水について写真と図面を持って紹介する。

① 多古支線円筒分水

多古円筒分水は昭和32年度に竣工された。

住　　所：千葉県香取郡多古町

名　　称：多古支線円筒分水

形　　式：全周溢流式

造成年度：昭和32年度（1957）

造成費用：1,044,500円

所在地：多古町船越先

全体受益面積：389 ha　用水量　333 ℓ/S

  1.　本線分水：264 ha　用水量　171 ℓ/S

  2.　船越分水：89 ha　用水量　108 ℓ/S

  3.　直接分水：36 ha　用水量　 54 ℓ/S

円筒分水の分水量は本線分水、船越分水、直接分水の3方向に分割している。本分水口は6箇所。

写真 23　多古支線円筒分水

撮影：筆者　2016 年 4 月 27 日

写真 24　多古支線円筒分水

撮影：筆者　2016 年 4 月 27 日

図 14　多古支線幹線用水路平面図

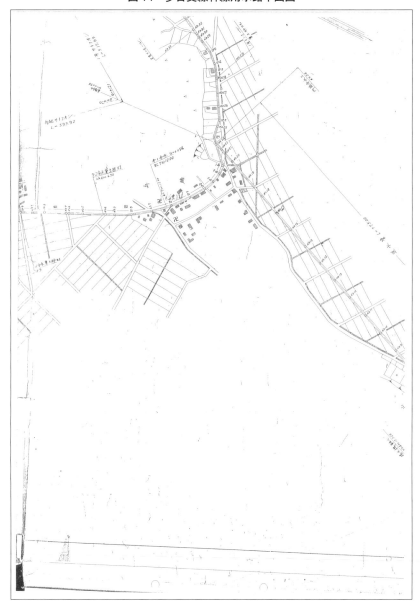

図 15　多古支線円筒分水構造図

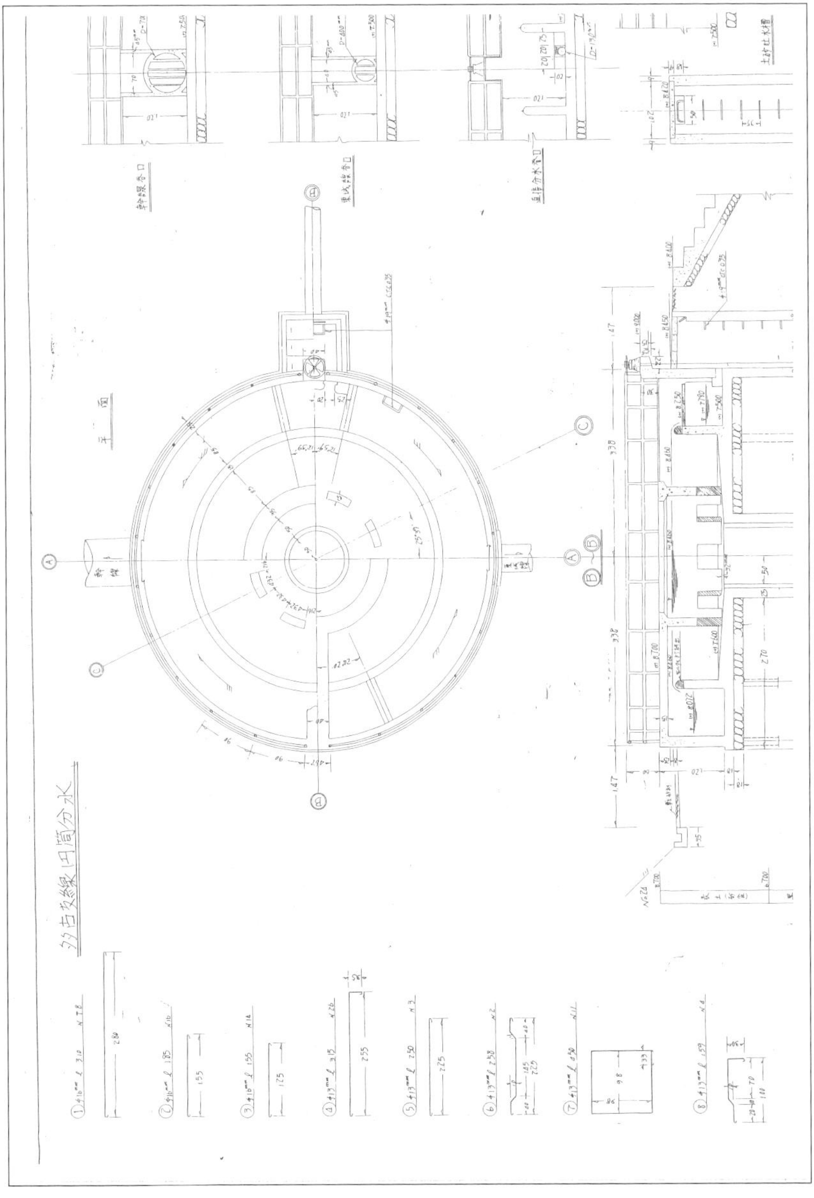

図16 多古支線円筒分水構造図

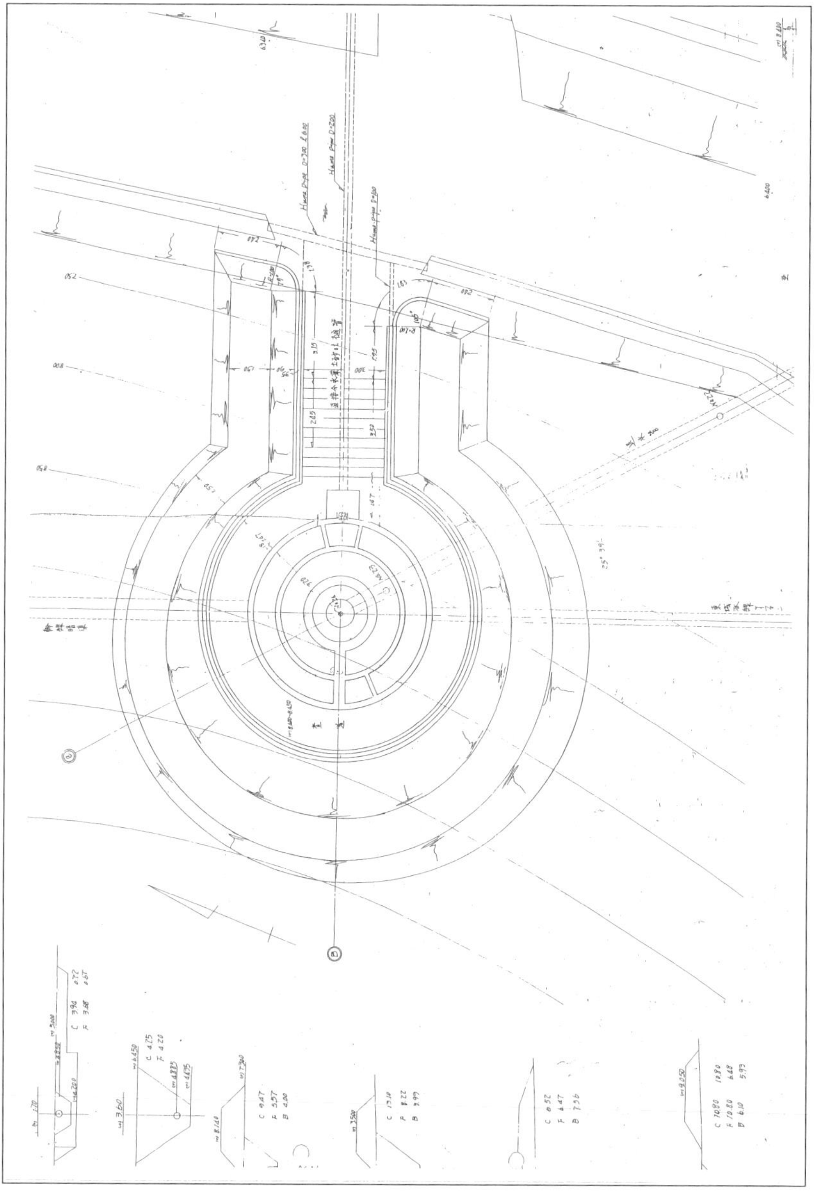

②　東金支線円筒分水

名　　　称：東金支線円筒分水

住　　　所：千葉県東金市

形　　　式：全周溢流式

造成年度：昭和 30 年度（1955）

造成費用：3,422,994 円

所在地：東金市道庭先

全体受益面積：1,600 ha　　用水量　2,604 ℓ/S

　1.　豊海片貝線：1,106 ha　用水量　2,014 ℓ/S

　2.　求名支線：145 ha 用水量　　94 ℓ/S

　3.　田間分水：349 ha 用水量　　396 ℓ/S

円筒分水報豊片貝線、求名支線、田間支線の 3 方向に分割している。

写真 25　東金支線円筒分水

撮影：筆者　2016 年 8 月 25 日

写真 26　東金支線円筒分水

撮影：筆者　2016 年 8 月 25 日

写真 27　東金支線円筒分水

撮影：筆者　2016 年 8 月 25 日

写真 28　東金支線円筒分水

撮影：筆者　2016 年 8 月 25 日

図17　東金支線円筒分水構造図

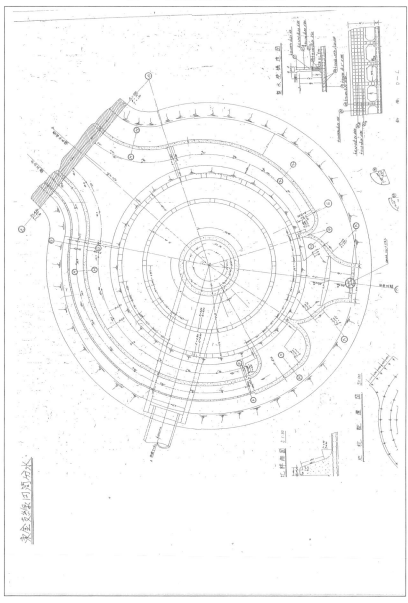

図18　東金支線円筒分水公平分水工構造図

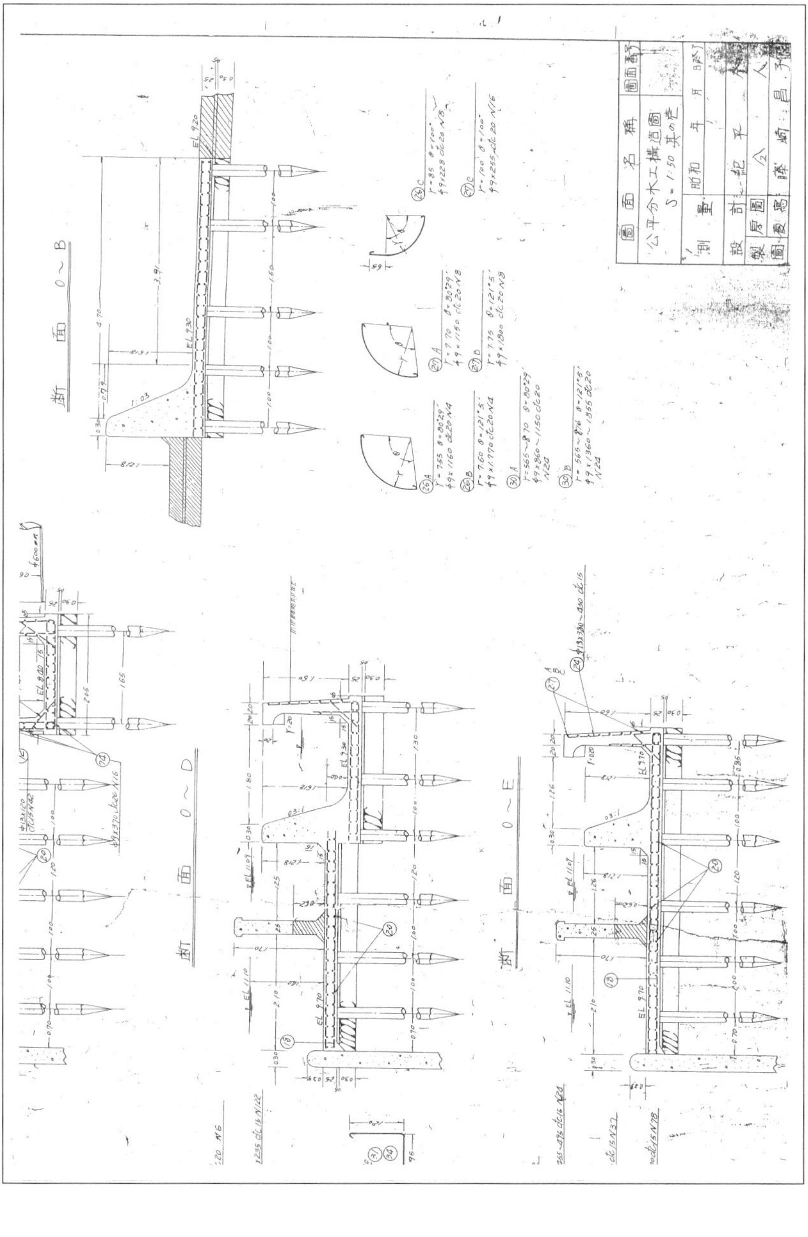

3-3　印旛沼土地改良区

(1) 印旛沼土地改良区の概要

　印旛沼土地改良区は昭和28年6月10日発足した。昭和24年制定の"土地改良法"に沿って印旛沼地区内に印旛沼土地改良区設立への機運が高まり設立に向けての具体的な行動が開始した。昭和27年11月設立準備会による設立趣意書に土地改良区の必要性と意義が明記された。昭和28年3月に農林大臣に設立申請が提出された。その設立の趣意書を見れば「印旛沼の水が我々の自由に出来たらなあ‼　これこそ印旛沼周辺を耕作する吾々農民が祖先代々、強雨に又旱天に、一刻も忘れることの出来ない夢でありました……中略……然るに我々の祖先が幾度も失敗した原因は何でしょうか。何れも民間企業又はお上の事業であり我々農民が積極的に自らの計画を以って完成に協力したものではなかったのであります。今や祖先からの夢と先覚者有志の念願を実現するための唯一最高のものは、地元農民の全部が参加して組織した土地改良区でなければなりません。この際、耕地整理組合と普通水利組合の機能を併せた土地改良法に基づく土地改良区の設立によって、各地域毎に干拓工事の計画を折込んだ総合土地改良計画を樹立し、工事の完成に技術的政治的総意を結集して、祖先代々の夢を一日も早く実現し、理想的な農業地帯を建設しようではありませんか。」[14]

　趣意書から見れば印旛沼地区の方々の反省と未来への夢が伺える。

I　印旛沼開拓瞥見

　印旛沼の開拓は江戸時代の享保年間から見ることができる。天明3年には中老沼田主殿頭、天保11年には中老水野越前守らが開拓に臨んだ。印旛沼開削の目的は、治水、水運、新田開発の主たる目的である。しかし、これらの開拓は全て途中で頓挫した経緯がある。

　明治期においても開発は試みられたが、本格的な干拓工事が再開されたのは、終戦後、全国に食料最悪の事情などから昭和21年（1946）からである。

28年の歳月をかけて印旛放水路を完成させるとともに約900 haの水田を開
拓した。この新田開拓により、印旛沼は北印旛沼 5.1 平方キロメートルと南
印旛沼 5.6 平方キロメートルに 2 分された[15]。

Ⅱ　印旛沼の現況

　印旛沼は「呼吸する沼」で流域の流入と排水を行う沼である。印旛沼に流
入する水量は年間 4 億 2700 万 m^3 である。そのうち自然流入は 94％で、残
りが酒直機場からくみ上げる 6％である。一方、沼の水を利用される水量は
2 億 8000 万 m^3 で、残りの 1 億 4700 万 m^3 が排水されている。全体でみる
水の割合は農業用水 18％、水道用水 10％、工業用水 39％、自然排水 22％、
ポンプ排水 13％である。印旛沼の周辺の急激な人口増加や経済発展伴って、
沼への汚濁物質が流入して、昭和 44 年以降 COD の数値が 13 mg/L を最大
値として、10 mg/L 前後で推移している[16]。平成 27 年度を見れば COD は
10 mg/L で依然高く日本全国ワースト 1 である。

図 19 印旛沼土地改良区基幹土地改良施設位置図

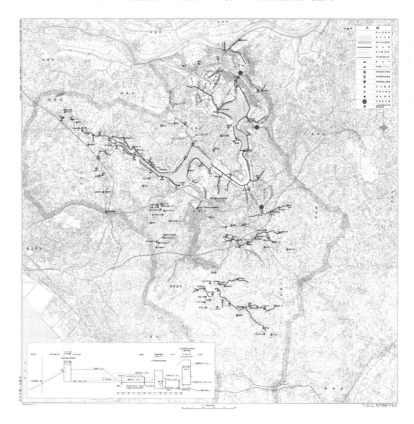

図 20　印旛沼土地改良区管内（支区別）排水流域図

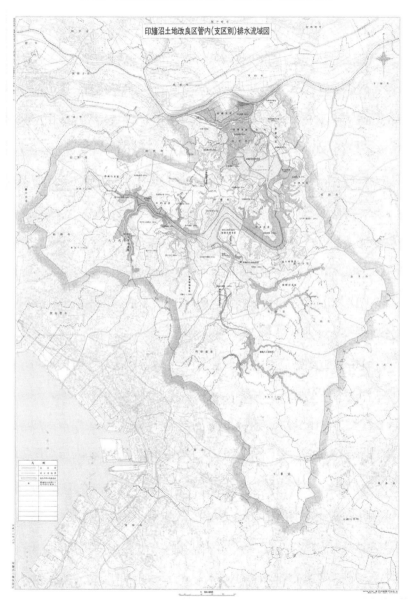

(2) 印旛沼土地改良区の円筒分水

① 安食円筒分水

名　　称：安食円筒分水

住　　所：千葉県印旛郡栄町

形　　式：全周溢流式

　酒直台児童公園の奥に存在しており、周囲は金網のフェンスで囲まれ施錠されていた。付近には住宅地があり、円筒分水は公園先の生い茂る林の中にあり、ポンプで水を吸い上げて水田へと配水される。

写真 29 安食円筒分水

撮影：筆者 2016 年 8 月 2 日

写真 30 安食円筒分水

撮影：筆者 2016 年 8 月 2 日

②　公津円筒分水

名　　　称：公津円筒分水

住　　　所：千葉県成田市

形　　　式：全周溢流式

　公津円筒分水は、水田の中にあり小高い丘の上に存在していた。急な階段を登り上がると高台から水田が広がる。周囲は林が生い茂げり、円筒分水の中に枯れ葉が落ちるとのことで、円筒分水に金属のネットが張ってあった。

写真 31　公津円筒分水

撮影：筆者　2016 年 8 月 2 日

写真 32　公津円筒分水

撮影：筆者　2016 年 8 月 2 日

③ 酒々井円筒分水

名　　　称：酒々井円筒分水

住　　　所：千葉県印旛郡酒々井町

　この酒々井円筒分水は屋内に存在しており、周囲はコンクリートの建造物で囲まれている。常に施錠されており、容易に覗くことはできない。建造物の中に円筒分水があること自体想像がつかない。周囲は住宅地であり、当初は野外で設置されていたが、隣接の「はつらつ公園」造設にともない児童等の安全のために、円筒分水をコンクリートの建造物すべてを囲ってしまったと、印旛沼土地改良区の方から説明をいただいた。

　当円筒分水は、非常に珍しいタイプである。

写真 33 酒々井円筒分水

撮影：筆者 2016 年 8 月 2 日

写真 34 酒々井円筒分水

撮影：筆者 2016 年 8 月 2 日

写真 35　隣接の「はつらつ公園」

撮影：筆者　2016 年 8 月 2 日

図21 計画用水系統模式図—白山・甚兵衛機場—

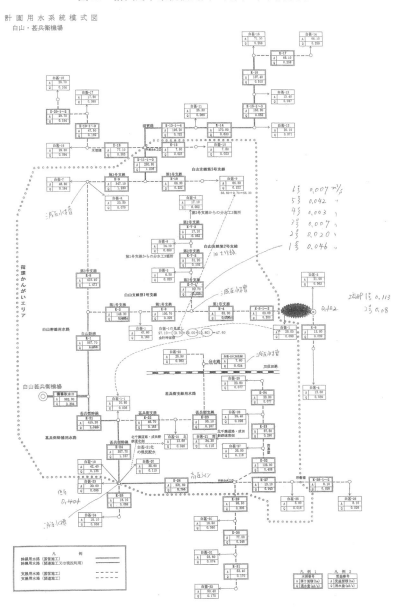

計 画 用 水 系 統 模 式 図
白山・甚兵衛機場

図22 白山甚兵衛機場掛—工事位置図—

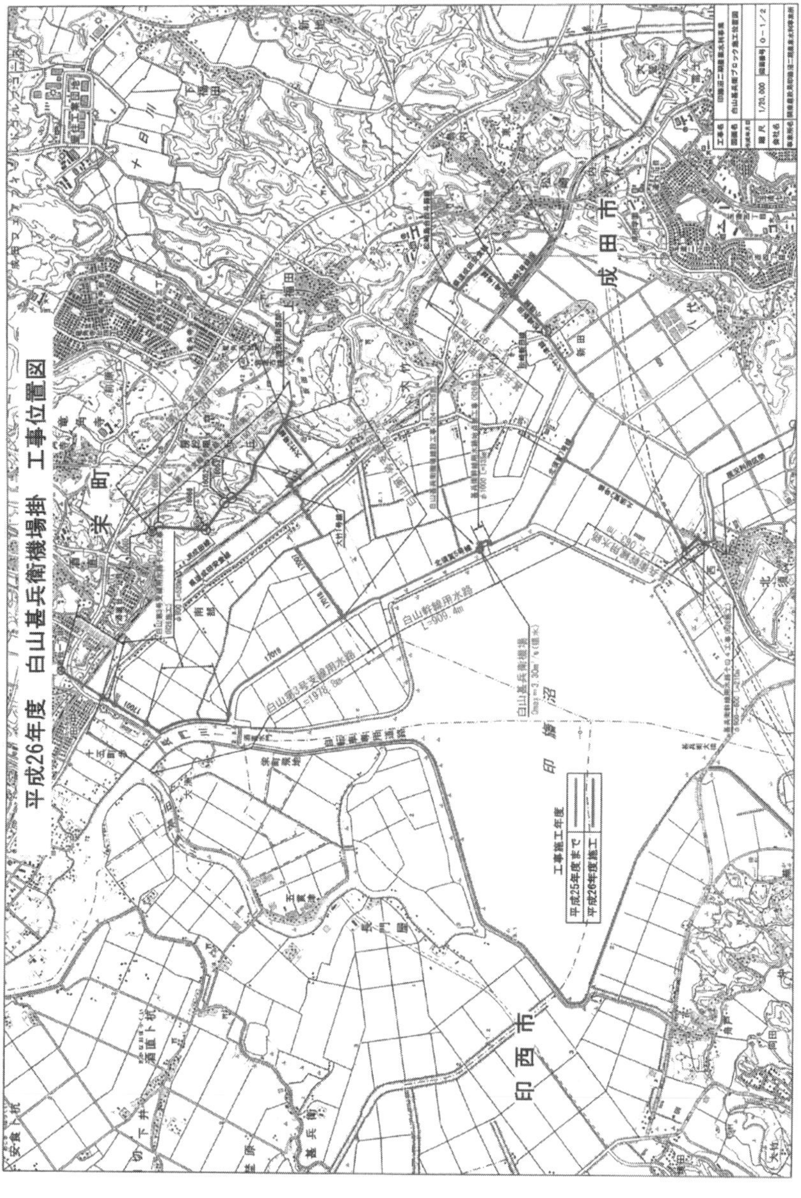

図 23　印旛沼土地区水路平面図

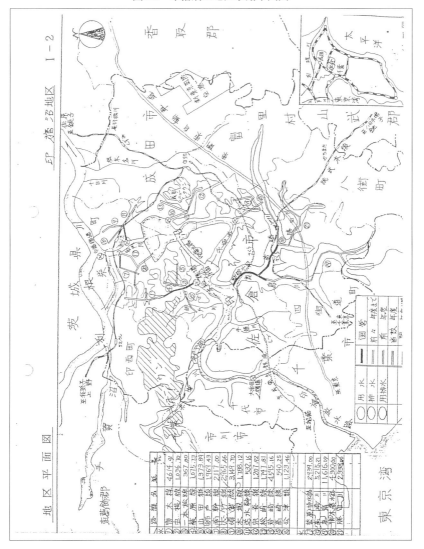

図24　印旛沼主要工事断面図

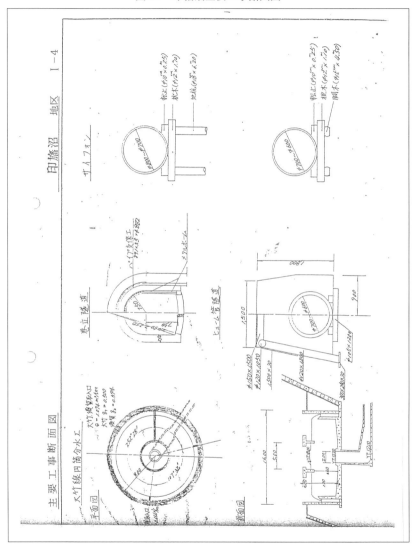

3-4　手賀沼土地改良区

(1)　手賀沼土地改良区の概要

　手賀沼土地改良区は手賀沼普通水利組合として昭和 16 年（1941）に設立した。その後、昭和は 27 年（1952）7 月に組織変更を行い、千葉県の認可によって手賀沼土地改良区として設立した。

　　昭和 39 年（1964）4 月 1 日付けで日秀土地改良区

　　昭和 39 年（1964）4 月 3 日に旧沼南町東部地域の改良区

　　昭和 39 年（1964）4 月 5 日に川内土地改良区

　　昭和 39 年（1964）11 月 2 日付けで布佐土地改良区

　　昭和 40 年（1965）4 月 1 日付けで我孫子町土地改良区

　　昭和 51 年（1976）3 月 31 日付けで発作土地改良区

　それぞれの土地改良区と吸収合併を行いながら昭和 51 年に現在の手賀沼土地改良区の組織が確立した[17]。

　手賀沼干拓を瞥見すれば、手賀沼の開拓は江戸時代の天慶年間以前より計画され、試みられとおり、1656 年（明暦 2）に江戸小田原町の海野屋作兵衛により、231 町 1 反が開発され、23 部落に配分された。しかし、開発された水田は洪水のために壊滅的な被害に見舞われた。手賀沼と利根川治水の不離一体の関係で幾度となく洪水の被害を繰り返しながら今日に至っている[18]。

　江戸時代の初期までは、手賀沼は利根川とつながっており、東北地方からの物資を江戸に運ぶ重要なルートであった。沼には船着き場の河岸場があり賑わっていた[19]。

　昭和 20 年 8 月の終戦後は日本各地において食糧難の窮状が広がった。このような状況下において、印旛沼手賀沼沿岸の有志一同が食糧増産のために印旛沼と手賀沼の干拓事業による洪水、東京湾放流運動を展開した。その結果、閣議決定（昭和 20 年 10 月）され、干拓 10 万町歩、開墾 55 万町歩、土地改良 210 万町歩が食糧増産対策に基づき農林省直轄工事として印旛沼干拓事業が昭和 21 年より開始された。

　手賀排水機場が昭和 31 年 11 月に 4 億 7 千 5 百万円の総工費で竣工した。当時は東洋一を誇り、続いて沿岸耕地の用水確保する小森、山下、布佐、泉、滝下、中の口各揚水場が完成した。手賀沼干拓は昭和 43 年までに第 1 干拓 66 ha、第 2 干拓 368 ha、用排水基幹施設も完成した[20]。

(2) 手賀沼土地改良区の円筒分水

手賀沼土地改良区には、湖北台円筒分水と泉円筒分水の 2 つを有する。

① 湖北台円筒分水（昭和 41 年 3 月竣工）

住　　　所：千葉県我孫子市湖北台

使用期間：四月半ばから 8 月下旬

使用時間：午前 7～18 時（通常）

分 水 口：3 口

関 連 施 設：滝下揚水、昭和 41 年 3 月竣工

住　　　所：我孫子市岡発戸新田滝ノ下

構造及び規模：アワムラ　550×450 DH×180 kw　2 台

$$H = 23.0 \text{ m} \qquad Q = 36.0 \text{ m}^3/\text{m}$$

当円筒分水は成田線沿線に隣接し湖北駅から歩いて約 15 分の距離で、かつ住宅地にある。本来なら田園地の一角にその使命を背負ってある存在しているものと想像してしまう。周囲が住宅地の関係もあってか使用期間や使用時間においても使用制限を設けている。当円筒分水の周囲は高い金網のフェンスで囲まれ、一部は簡易な防音壁が施されている。誰もが道端からも覗くことができる。

　湖北台円筒分水は、以前は現在の場所より下の方に存在していたが湖北台団地造成に伴い移設して現在の場所になったと手賀沼土地改良区の方より伺った。

写真 36　湖北台円筒分水

撮影：筆者　2016 年 8 月 3 日

写真 37　湖北台円筒分水

撮影：筆者　2016 年 8 月 3 日

写真 38　湖北台円筒分水

撮影：筆者　2016 年 8 月 3 日

写真 39　湖北台円筒分水―用水供給区域図

撮影：筆者　2016 年 8 月 3 日

写真40 湖北台円筒分水供給案内

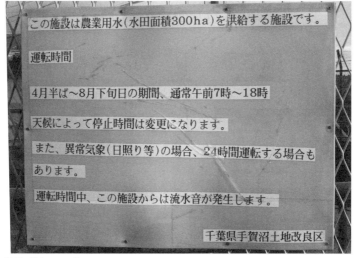

この施設は農業用水(水田面積300ha)を供給する施設です。

運転時間

4月半ば〜8月下旬日の期間、通常午前7時〜18時

天候によって停止時間は変更になります。

また、異常気象(日照り等)の場合、24時間運転する場合も
あります。

運転時間中、この施設からは流水音が発生します。

千葉県手賀沼土地改良区

撮影:筆者 2016年8月3日

図25 湖北台円筒分水工構造図

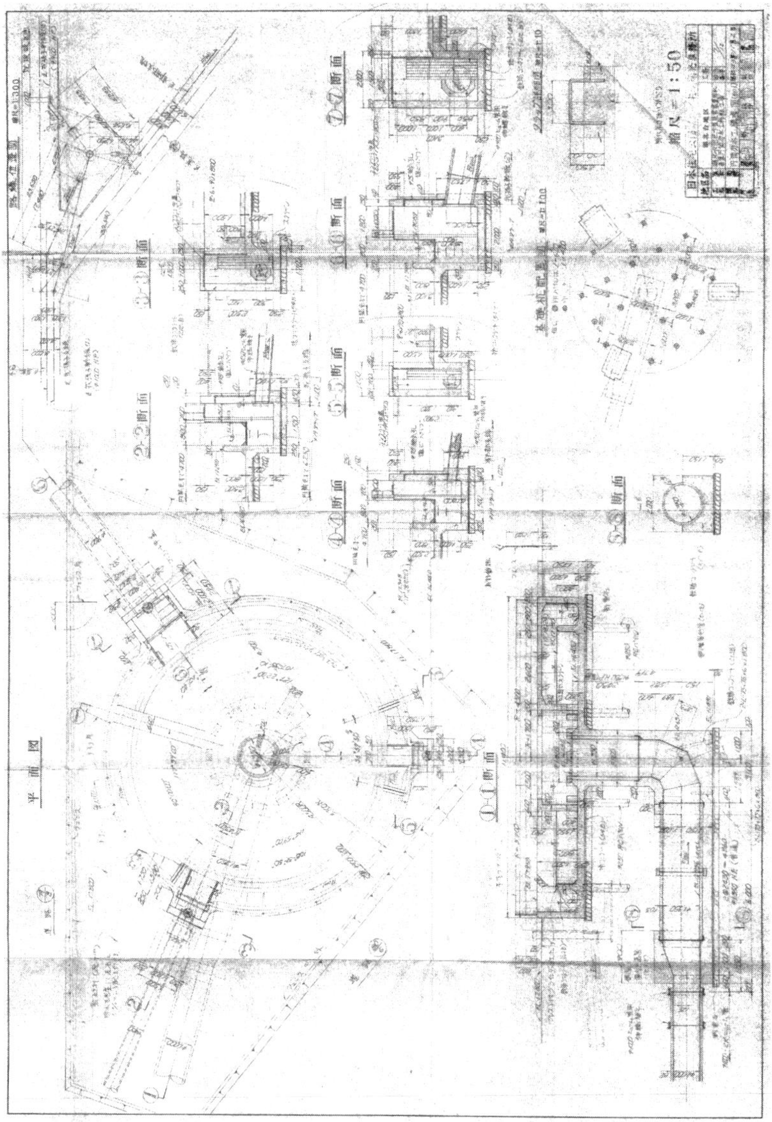

② 泉円筒分水（昭和 40 年 9 月竣工）

住　　　所：柏市柳戸

関連施設：泉揚水、昭和 40 年 9 月竣工

住　　　所：柏市泉字滝台

構造及び規模：三　菱　800×7000 L-E×350 kw　2 台

$$H = 19.5\,\mathrm{m} \qquad Q = 34.0\,\mathrm{m^3/m}$$

　柏市内から県道 282 号線を印西方面に向う途中に泉円筒分水がある。県道から入口の近くにコンビニがあり、その細い道を辿ると周囲には民家があり、その先は畑と林が現れる。細い農道の分岐点を左折してさらに進むと左側に農道から下に泉円筒分水が現れる。林の中の大きなコンクリートの構造物で周囲は金網で囲われている。容易に覗くことは難しい。周囲が林であるがゆえに人影などはなく周囲の畑仕事の方を見かける程度である。濁り水と大きな音で黙々と円筒分水の使命をひっそりと果している。

写真 41 泉円筒分水

撮影：筆者 2016 年 6 月 22 日

写真 42 泉円筒分水

撮影：筆者 2016 年 8 月 25 日

写真 43　泉円筒分水

撮影：筆者　2016 年 8 月 25 日

写真 44　泉円筒分水

撮影：筆者　2016 年 8 月 25 日

図 26　泉幹線用水路平面図

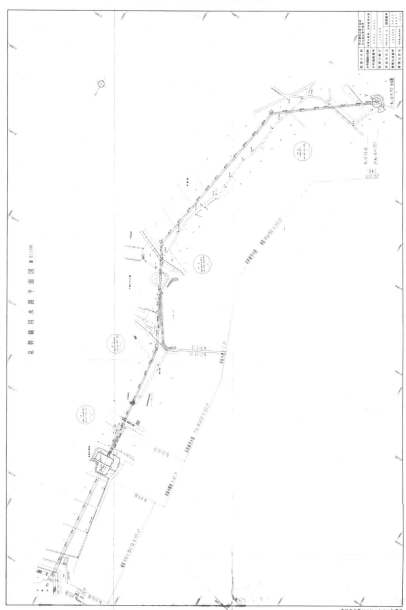

図 27　泉幹線用水路縦断図

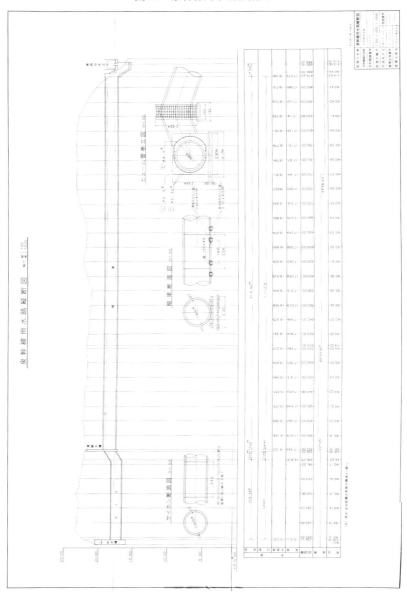

図 28　泉円筒分水—東西分水工構造図—

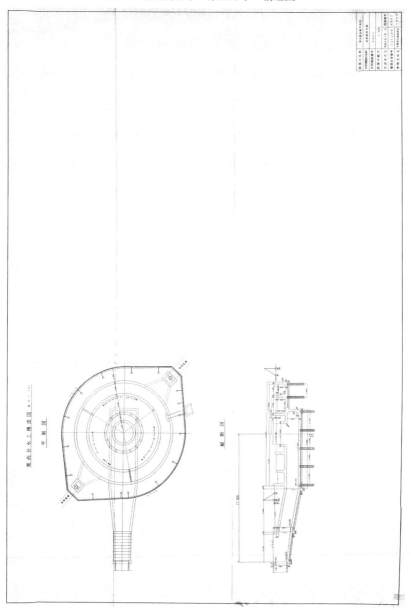

3-5　君津市小櫃南部土地改良区

(1)　君津市小櫃南部土地改良区「円筒分水槽」

　君津市小櫃南部土地改良区の円筒分水槽―「よみがえった円筒分水槽」
――は千葉県の中央部に位置する。付近には君津青葉高等学校があり久留里
線の電車が時折往来し、水田を跨いで小櫃川が流れている。長閑な田園地の
小高い丘に設けられている。
　筆者が本円筒分水槽を訪ねたのは 2017 年 3 月 13 日である。まだ田植えの
準備前であったこともあり農作業に勤しむ光景は見られなかった。

写真 45　円筒分水槽

撮影：筆者　2017 年 3 月 13 日

写真 46　水田からの円筒分水槽

撮影：筆者　2017 年 3 月 13 日

写真 47　円筒分水槽は金網で覆われている

撮影：筆者　2017 年 3 月 13 日

写真 48　円筒分水槽と県立君津青葉高校

撮影：筆者　2017 年 3 月 13 日

写真 49　円筒分水槽付近の光景

撮影：筆者　2017 年 3 月 13 日

写真 50　久留里線

撮影：筆者　2017 年 3 月 13 日

(2) 君津市小櫃南部土地改良区「円筒分水槽」概要

　本円筒分水の詳細は「平成19年度　土地改良施設診断・管理指導など事例集作成検討会」[21]（水土里ネット千葉（千葉県）土地改良事業団体連合会）の資料を掲載する。

資料1 よみがえった円筒分水槽

標 題

円筒分水槽 (君津市小櫃南部土地 改良区)	よみがえった円筒分水槽	千葉県土連

内 容

Ⅰ施設等の概要（対象施設の概要）

1 施設名　　　　　　　円筒分水槽

2 施設の造成主体　　　団体営

3 造成年度　　　　　　昭和42年

4 施設の建設費　　　　7,400 千円

5 施設の構造、規模　　鉄筋コンクリート製　直径4.9m×高さ2.4m

管理主体の概要〈要約〉

①地区面積　　　　127 ha

②組合員数　　　　255 名

③職員数　　　　　 1 名

本地区の概要
本地区は、千葉県中央部に位置し、小櫃川の支線が幾条もあって起伏に富んだ河岸段丘地帯であり、気候は温暖で肥沃な土地に恵まれ水稲に最適な環境である。昭和40年3月26日小櫃土地改良区、箕輪土地改良区、青柳土地改良区の3改良区を君津市小櫃南部土地改良区として新設合併し、昭和56年から平成2年を工期として県営ほ場整備事業を実施し、揚水機1台（水中モーターポンプ φ450×160kw）用水路、排水路、パイプラインを造成した。

Ⅱ施設の管理状況

1 運転状況

1）体制　　　　　　　　操作員1名

2）管理費

①平均年管理費　　4,673 千円/年　　（H14～H18）

②平均年補修費　　1,151 千円/年　　（H14～H18）

3）施設の運転状況（過去5年間）

年次	運転日数	運転時間
H14	90	898
H15	87	801
H16	103	1,115
H17	94	790
H18	87	711

2　点検状況

　1）日常点検

　　　　　機場操作員が、揚水時期の4月から8月までの毎日、受益地区である俵田・上新田・箕輪・青柳の4地区への分水槽からの配水状況、また、詰まりがないかを点検している。

　2）定期点検

　　　　揚水機場について、4月～8月まで毎月1回計5回の点検を業者に委託して実施している。

3　施設の整備状況

　1）適正化事業により実施した整備補修

加入年度	実施年度	補修内容	事業費(千円)
H.元	H.元	揚水機場　受電盤、配電盤	14,214
H.15	H.18	用水路分水槽整備補修	7,400

　2）適正化事業以外での整備補修（事業主体単独も含む）

実施年度	実施事業名	補修内容	事業費(千円)
H.14	単独	パイプライン工事	6,300

4　維持管理上の特記事項

特になし

Ⅲ診断・管理指導内容（要約）

実施年度	内容
H.14	本施設は、昭和42年に造成後35年が経過し、コンクリート表面が経年劣化している。一部にクラックの発生と漏水がおきているため、早期に整備補修を実施し、施設の延命に努めていただきたい。

Ⅳ診断・管理指導後の対応・結果

　連合会の診断・指導後、改良区では改修方針として①現施設にエポキシ樹脂系被覆材を塗布する補修とするか、②現施設に防水モルタルを施工する補修とするか、③新たに作り直す更新改修とするかについて検討した結果、既設構造物本体の強度について判定できる資料がないため、本体をそのまま残す工法については検討から外すこととし、更新改修が適当という結論に達した。また、取り壊して新しい構造物を築造するにあたり構造計算を実施した。こうして理事会で適正化事業で改修の方針を決定し、総代会で工事を行う決議を経て、平成15年に適正化事業に加入し、平成18年度に工事を実施した。この際、分水槽の設置高を上げることによって末端受益への用水不足が改善できるか検討したが、揚水ポンプの揚程に余裕のないことが判明したため断念した。

Ⅴ評価整理（結果・対応後の評価及び要改善事項など）

　円筒分水槽という外観と機能は改修前とかわらないので、施設維持管理面についての劇的な変化とはならなかったが、長く水稲作を支えた施設がよみがえったことで安定した用水確保ができるようになった。
施設改修後の最初の年の用水供給では、まだ末端の一部で配水がうまくいかないための用水不足がみられた。しかし、分水槽に角落としを設置したことにより、各工区への分水の微調整がやりやすくなっていたので、今回は堰板で70cmかさあげすることで問題は解決し、受益者からの施工後の評価は良い。

添付資料

・位置図及び設計図

・写真

図29　円筒分水槽位置図

図 30 用水路設計図

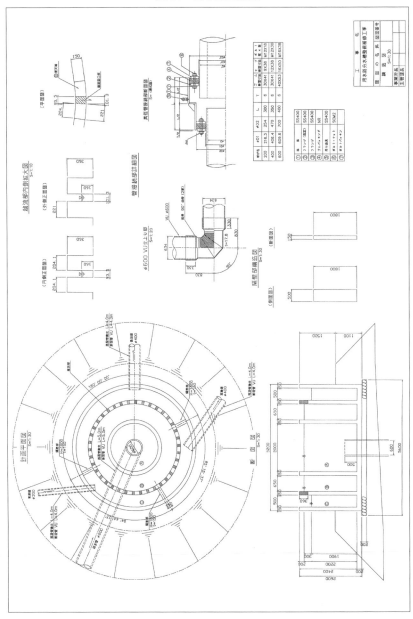

3-6　安房中央土地改良区

（1）はじめに

　安房中央土地改良区の「嵯峨志分水工」と「滝の谷（やつ）分水工」を紹介する。

　両円筒分水工は、安房中央土地改良区（千葉県館山市亀ヶ原625-1）が管理する円筒分水で、千葉県内においては最も南に位置する円筒分水工である。当土地改良区の事務所から車で約30分程走ると、南国にふさわしいほどの森林が生茂り山間の山道を行くと道端に金網で囲まれた「嵯峨志分水工」がある。

　また、「滝の谷（やつ）分水工」は山間の道を車で行き、車から降り山林の中の小道を徒歩で約100メートル降りると分水工が金網で囲われ、傍には南国の光を十分に受けた緑豊かな水田の光景が目に入る。

（2）安房中央土地改良区概要

　南房総の南端に位置し、東南に太平洋、南西に東京湾を望む温暖な気候に恵まれた地である。しかし、河川や小河川の流域面積が少なく十分な水量を確保できず、農家は古くから水不足に悩まされた地域である。このような状況下において、地域関係者が一丸となって、安房中央用水改良事業としての県営かんがい排水事業申請を機に昭和33年5月30日に安房中央土地改良区が設立された。安房中央ダム建設や基幹用水路などの事業に着手し用水改良事業に尽力した[22]。

組織の概要

組合員数 2,212 名、総代 51 名、理事 11 名、監事 2 名（事務局 8 名）

図 31　安房中央土地改良区組織図

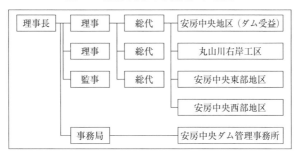

表 3　地区面積及び組合員数

関係市町村名	受益面積 ha	比率%	組合員数
館　山　市	704.9	65	1,387
南 房 総 市	371.8	35	825
計	1,076.7	100	2,212

※図工表は http://awatoti.sakura.ne.jp/gaiyou.html より転記、アクセス
令和元年 9 月 30 日

(3)　安房中央ダム（丸山湖）

　千葉県の房総半島に位置する館山市と南房総市に跨る風光明媚で温暖な気
候に恵まれた地の水田総面積 987 ヘクタールを潤す県営かんがい排水事業と
して、安房中央ダムは南房総市に丸山川を水源として昭和 33 年に着工し昭
和 45 年に完成し、基幹用水路は昭和 54 年に完成した。当地は昔から水不足
に悩まされ小規模なため池や小河川を利用するなど絶えず水不足に悩まされ
た地でもある。江戸時代には藩財政の困窮により苛政のため、藩の安定的な
財政のために滝川用水を完遂し農産物の増産と治水利水の使命を背負う等、
歴史的な経緯のある地である[23]。

ダムの概要[24)]

　　水　　　源：2級河川丸山川　南房総市川谷地先

　　ダム諸元：集水面積 1,487 ha

　　　　　　　　総貯水量 2,113,000 m³

　　　　　　　　有効貯水量 2,096,000 m³

　　堤体の形式　排水砂利層を河床に配した均一性アースダム

　　堤　　　高　　36 m

　　提　　　長　　110.0 m

　　内　　　法　　3.0 割

　　外　　　法　　2.5 割

　　提　頂　巾　　5.50 m

　　余　裕　高　　4.00 m

　　堤　低　巾　　188.5 m

※ダムの概要は『安房中央土地改良設立 50 周年記念誌─安房中央のあゆみ』
　31 頁から転記。

① 嵯峨志分水工

写真 51　嵯峨志分水工

撮影：筆者　2018 年 8 月 1 日

写真 52　嵯峨志分水工

撮影：筆者　2018 年 8 月 1 日

② 滝の谷（やつ）分水工

写真 53　滝の谷分水工

撮影：筆者　2018 年 8 月 1 日

写真 54　滝の谷分水工

撮影：筆者　2018 年 8 月 1 日

図32 嵯峨志分水工図

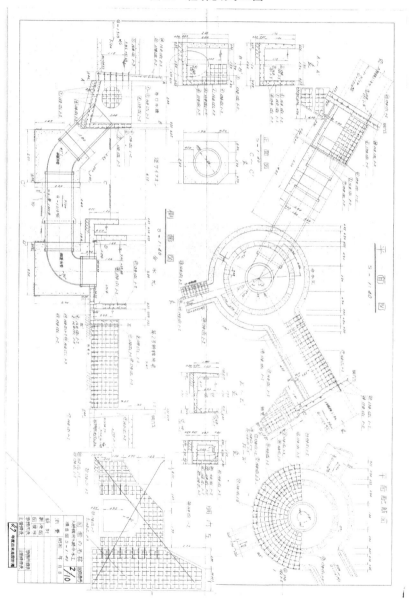

図 33　滝の谷（やつ）分水工図

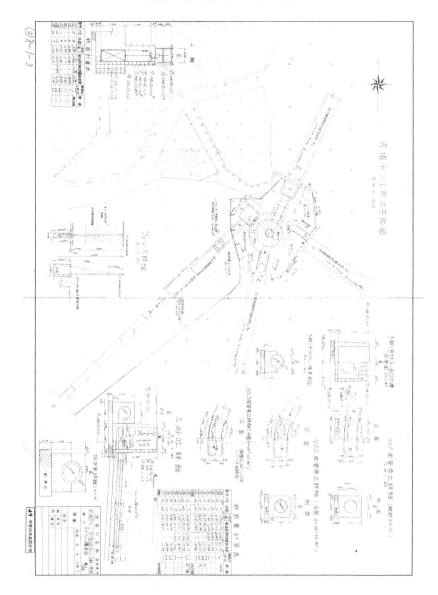

図34　計画用水系統図

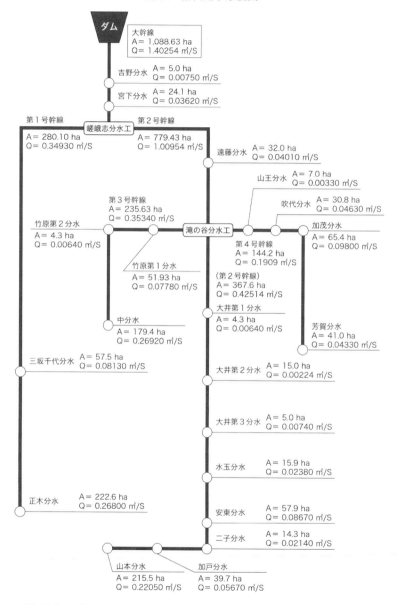

＊『安房中央土地改良設立50周年記念誌—安房中央のあゆみ』平成20年3月、P40。一部改訂

図35　安房中央地区用水系図

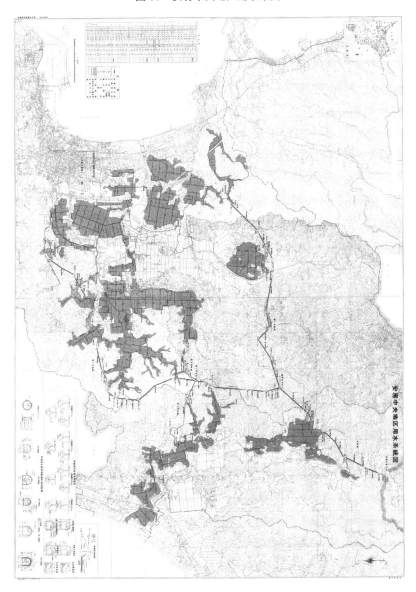

図36　県営土地改良施設整備事業　安房中央地区　計画一般平面図

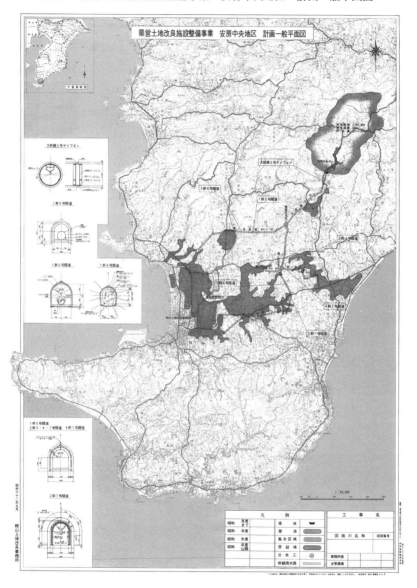

図37　安房農業事務所土地改良完了地区図

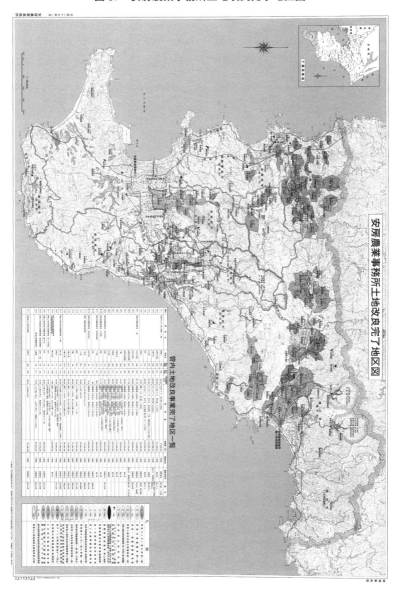

図38 県営かんがい排水事業（一般）安房中央計画一般図

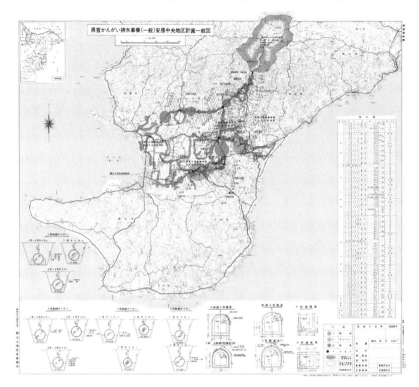

4　おわりに

　円筒分水は、現在日本全国に百ヵ所以上存在するといわれているが、その詳細は不明瞭である。日本の円筒分水の考案者である可知貫一は、1911 年（明治44）に岐阜県可児郡小泉村（現在：多治見市）にプロトタイプの円筒分水を考案したとされている。その後、円筒分水は全国に広がっていった。しかし、可知貫一が目的とした一水路からの分水の為であった円筒分水が、本来の使命の他に、もう一つの目的として水争いの救世主的な使命を担って、全国に広がっていったことは事実である。全ての円筒分水が二つの使命を持って設置された訳ではないが、円筒分水を設置された地域では安定した水確保と公平な水分配システムによって、より円滑な姿勢で農業に従事することができた。なぜなら水確保のための労力と水争いから解放されたからである。

　円筒分水が考案されたことは単なる水分配システムのみならず農業用水路の革命的なシステムであることと日本農業である米作りに大きく貢献した。農作物生産にはなくてはならぬものが水である。円筒分水は近代日本農業用水路の礎的存在である。

　今回、千葉県内の15ヵ所の円筒分水の調査を行った。加茂川沿岸土地改良区内には、大日円筒分水工、八色円筒分水工、高溝円筒分水工、坂東円筒分水工、滝山円筒分水工の5つを有する。両総土地改良区内には多古支線円筒分水、東金支線円筒分水の2つを有する。印旛沼土地改良区内には、安食円筒分水、公津円筒分水、酒々井円筒分水の3つを有する。手賀沼土地改良区内には、湖北台円筒分水、泉円筒分水の2つを有する。君津市小櫃南部土地改区は「円筒分水槽」1つを有している。そして安房中央土地改良区は「嵯峨志分水工」「滝の谷（やつ）分水工」の2つを有している。

　今回の調査で上記各円筒分水を調査見分させていただいたが、綿密な調査や分析、資料収集をしきれない部分が多々あったことは事実である。

　今後はこれらの調査結果を基礎に更なる調査研究を行っていく所存である。

[注]
1）拙者「近代農業の礎―疣岩円筒分水工を中心に」中央学院大学社会システム研究所
　　紀要第 16 巻第 1 号（2015 年 12 月）49 頁参照。
2）金山明広『望星 10』―「『公平』『平等』で秩序を守る"水の番人"円筒分水の謎に
　　迫る！』（2013 年 10 月）29 頁参照。
3）http://entoubunsui.com/chishiki.html　参照、アクセス 2016. 9. 30
4）『金山ダムと土地改良―鴨川市加茂川沿岸土地改良区創立 30 周年記念誌』鴨川市加
　　茂川沿岸土地改良区（1985 年 3 月）19 頁参照。
5）『河川大事典』発行日外アソシエーツ（株）（1991 年 2 月）289 頁参照。
6）『前掲書』　発行日外アソシエーツ（株）（1991 年 2 月）269 頁参照。
7）『金山ダムと土地改良―鴨川市加茂川沿岸土地改良区創立 30 周年記念誌』鴨川市加
　　茂川沿岸土地改良区（1985 年 3 月）34 頁参照。
8）『前掲書』　鴨川市加茂川沿岸土地改良区（1985 年 3 月）40〜41 頁参照。
9）『前掲書』　鴨川市加茂川沿岸土地改良区（1985 年 3 月）40〜42 頁参照。
10）『前掲書』　鴨川市加茂川沿岸土地改良区（1985 年 3 月）41〜42 頁参照。
11）関東農政局両総農業水利事業発行『国営両総農業水利事業完工記念誌両総用水のあ
　　ゆみ』（発行年月日不詳）11 頁参照。
12）関東農政局両総農業水利事業発行、前掲書（発行年月日不詳）12〜13 頁参照。
13）http://www.ryoso-lid.or.jp/framepage.htm　参照。アクセス 2016. 9. 22。
14）http://www.inbanuma-lid.jp/04/his_jigyou.htm、参照、アクセス 2016. 12. 23。
15）https://ja.wikipedia.org/　参照、アクセス 2016. 12. 23。
16）『開拓維新記―印旛沼の水土に挑む開拓精神』関東農政局印旛沼二期農業水利事業
　　所、発行日不詳、12〜14 頁参照。
17）『六十年の歩み千葉県手賀沼土地改良区』千葉県手賀沼土地改良区（平成 26 年 3
　　月）2 頁参照。
18）『前掲書』千葉県手賀沼土地改良区（平成 26 年 3 月）2 頁参照。
19）読売新聞 2017 年 2 月 2 日、参照。
20）『六十年の歩み千葉県手賀沼土地改良区』千葉県手賀沼土地改良区（平成 26 年 3
　　月）2〜3 頁参照。
21）「平成 19 年度　土地改良施設診断・管理指導など事例集作成検討会」水土里ネット
　　千葉（千葉県）土地改良事業団体連合会。
22）http://awatoti.sakura.ne.jp/gaiyou.html　アクセス令和元年 9 月 30 日。
23）『安房中央土地改良設立 50 周年記念誌―安房中央のあゆみ』（平成 20 年 3 月）31
　　頁参照。
24）『前掲書』（平成 20 年 3 月）31 頁参照。

【著者紹介】

佐藤　寛（さとう　ひろし）
1953年生まれ
現　在：中央学院大学現代教養学部教授
国際学博士（横浜市立大学）
中央学院大学卒業、電気通信大学大学院情報システム研究科修士課程修了、横浜市立大学大学院国際文化研究科博士課程修了、中央学院大学社会システム研究所長（2009年4月〜2020年3月迄）、中央学院大学現代教養学部長（2016年12月〜）、放送大学非常勤講師
主　著：『川と地域再生―利根川と最上川流域の町の再生』（共著）丸善プラネット（2007）、『水循環健全化対策の基礎研究―計画・評価・協働―』（共著）成文堂（2014）、『水循環保全再生政策の動向―利根川流域圏内における研究―』（共著）成文堂（2015）、『モンゴル国の環境と水資源―ウランバートル市の水事情』（単著）成文堂（2017）、『ラムサール条約の国内実施と地域政策―地域連携・協働による条約義務の実質化』（共著）成文堂（2018）、『アジア社会と水』（共著）文眞堂（2018）、その他論文多数。

円筒分水の研究

2021年3月15日　　　初　版第1刷発行

編　集　　中央学院大学
　　　　　社会システム研究所
発行者　　阿　部　成　一

〒162-0041　東京都新宿区早稲田鶴巻町514
発行所　　株式会社　成　文　堂
電話 03(3203)9201(代)　FAX 03(3203)9206
http://www.seibundoh.co.jp

印刷・製本　シナノ印刷　　　　　　　　　　検印省略